"十二五"国家科技重大专项课题(2011ZX05040-005)资助

河南省科技攻关项目(202102310221、202102310619)资助

中国工程科技发展战略河南研究院战略咨询研究项目(2020HENZDB02)资助

中国博士后科学基金资助项目(2017M622343)资助

中原经济区煤层(页岩)气河南省协同创新中心资助

全国煤炭行业瓦斯地质与瓦斯防治工程研究中心资助

煤矿瓦斯赋存和运移的
力学机制及工程实践

贾天让　著

U0338085

中国矿业大学出版社

·徐州·

内 容 提 要

本书围绕瓦斯赋存和瓦斯运移这两个关键科学问题,以受力分析及力的作用结果为主线,围绕煤矿瓦斯赋存和运移的力学机制及实践开展研究,完善了瓦斯赋存构造逐级控制的力学解释,系统研究了现代应力作用下断层、褶皱构造对瓦斯赋存尤其是瓦斯突出的影响,揭示了华北赋煤区煤系构造变形特征与瓦斯赋存分区,阐明了保护层开采条件下瓦斯运移的力学机制,并进行了工程实践。

本书可供煤炭高等院校师生及煤矿工程技术人员阅读和参考。

图书在版编目(CIP)数据

煤矿瓦斯赋存和运移的力学机制及工程实践 / 贾天让著. — 徐州:中国矿业大学出版社,2020.12
ISBN 978-7-5646-4902-9

Ⅰ.①煤… Ⅱ.①贾… Ⅲ.①煤矿-瓦斯渗透-力学-研究 Ⅳ.①TD712

中国版本图书馆 CIP 数据核字(2020)第251224号

书　　名	煤矿瓦斯赋存和运移的力学机制及工程实践
著　　者	贾天让
责任编辑	何　戈
出版发行	中国矿业大学出版社有限责任公司
	(江苏省徐州市解放南路　邮编221008)
营销热线	(0516)83884103　83885105
出版服务	(0516)83995789　83884920
网　　址	http://www.cumtp.com　E-mail:cumtpvip@cumtp.com
印　　刷	苏州市古得堡数码印刷有限公司
开　　本	787 mm×1092 mm　1/16　印张 9　字数 171 千字
版次印次	2020 年 12 月第 1 版　2020 年 12 月第 1 次印刷
定　　价	36.00 元

(图书出现印装质量问题,本社负责调换)

前　言

　　煤炭在中国一次性能源结构中处于主导地位,2018 年煤炭占一次能源消费比例首次低于 60%,《能源发展"十三五"规划》中指出到 2020 年煤炭消费比重降低到 58%,实际降到 57% 左右。而瓦斯灾害预测防治是世界性难题,我国是世界上煤矿瓦斯灾害最严重的国家之一,瓦斯事故造成煤矿人员伤亡数居高不下,严重制约着煤矿安全高效生产。可见,煤炭的安全供给是我国能源安全的重要保障。

　　中国位于冈瓦纳大陆与西伯利亚大陆之间的构造转换地带,是现今全球板块构造运动最剧烈的地带之一,依次经历了古亚洲洋、特提斯-古太平洋和印度洋-太平洋三大动力体系的叠加、复合;中国被夹持在周围大板块中,造成中国煤层构造煤发育、渗透率低,煤层渗透率比美国、加拿大、澳大利亚等国家的低 3~4 个数量级。我国 95% 以上的煤矿是井工开采,开采的石炭-二叠系煤层成煤时代早,煤层瓦斯含量高,经历了多期构造运动,构造煤发育,煤层渗透性低,瓦斯灾害极为严重。

　　导致瓦斯灾害频发的根本原因是对瓦斯赋存规律认识不清。因此,要想从根源上寻找预防瓦斯灾害的方法,首先要搞清瓦斯赋存分布规律。瓦斯是气体地质体,现今瓦斯赋存分布状态是构造运动演化及其作用的结果。地质构造演化作用控制着瓦斯的生成条件、保存条件及赋存分布规律,构造的复杂程度控制着瓦斯突出的危险性大小,构造煤的发育特征控制着瓦斯防治的难度。而导致瓦斯灾害频发的直接原因是人们对采动应力作用下地质构造环境劣化引起煤层瓦斯赋存状态的变化规律(瓦斯运移规律)认识不清。煤层开采,煤岩层应力重新分布,岩层原生裂隙扩展和次生微裂隙形成及宏观断裂,采空区上覆岩层出现"三带",即冒落带、裂隙带和弯曲下沉带,下伏岩层出现曲率各异的上鼓现象,煤岩层的大量裂隙张开,地应力大范围释放,煤岩层透气性成百倍上千倍地增加,邻近煤层的吸附瓦斯大量解吸,煤岩层瓦斯运移,形成新的瓦斯赋存状态。选择无突出危险或弱突出危险煤层作为优先开采的保护层就是利用该原理降低甚至消除被保护层的突出危险性,进而有利于实现被保护层的安全、高效回采。

本书是在笔者博士学位论文和博士后出站报告以及近年来煤矿工程实践的基础上完成的。本书围绕瓦斯赋存和瓦斯运移这两个关键问题,以受力分析及力的作用结果为主线,揭示了煤矿瓦斯赋存和运移的力学机制,并进行了工程实践。全书共7章:第1章绪论;第2章瓦斯赋存构造逐级控制理论的力学解释;第3章现代应力对瓦斯赋存的控制作用;第4章华北赋煤区煤系构造变形特征与瓦斯赋存分区;第5章保护层开采瓦斯运移的力学机制;第6章保护层开采瓦斯运移力学机制的工程实践;第7章结论与创新点。

本书的撰写及出版得到了"十二五"国家科技重大专项课题(2011ZX05040-005)、河南省科技攻关项目(202102310221、202102310619)、中国工程科技发展战略河南研究院战略咨询研究项目(2020HENZDB02)、中国博士后科学基金资助项目(2017M622343)、河南省博士后启动经费(001703047)、全国煤炭行业瓦斯地质与瓦斯防治工程研究中心、煤矿安全生产河南省协同创新中心和中原经济区煤层(页岩)气河南省协同创新中心资助。

本书得到了河南理工大学 张子敏 教授、张玉贵教授、张明杰教授和魏国营教授，大连理工大学唐春安教授、梁正召教授、唐世斌教授和马天辉副研究员，青岛理工大学张拥军教授，中国科学院大学琚宜文教授，东北大学李连崇教授等的悉心指导和帮助。同时，得到了平煤神马集团公司李丰军教授级高工、王应德总工等给予的大力支持和帮助，借此机会表示衷心的感谢!

本书引用了众多已出版的科技著作和发表的学术论文，对这些论著的作者表示衷心的感谢! 由于影响瓦斯赋存和运移的因素众多，相关研究工作还在深入进行中，加之水平有限，书中不当之处恳请读者原谅，并予以指正!

著 者

2020 年 9 月

目　录

1 绪 论

1.1 研究背景与意义

煤炭在中国一次性能源结构中处于主导地位,2018 年煤炭占一次能源消费比例首次低于 60%,《能源发展"十三五"规划》中指出,到 2020 年煤炭消费比重降低到 58%,实际降到了 57% 左右。可见,煤炭的安全供给是我国能源安全的重要保障。而瓦斯事故造成煤矿人员伤亡居煤矿伤亡人数的第一位,严重制约着煤矿安全高效生产。我国 95% 以上的煤矿是井工开采,开采的石炭-二叠系煤层成煤时代早,经历了多期构造运动,构造煤发育,煤层渗透性低,瓦斯灾害极为严重。据第二次全国煤矿瓦斯地质图编制时统计的数据,我国突出矿井有 1 044 对,突出总次数达 16 740 余次;最大突出,突出煤 12 780 t,涌出瓦斯 1 400 000 m³,发生在四川天府矿区三汇一矿;最浅的始突深度 30 m,发生在湖南省团结煤矿;近 20 年平均每年新增突出矿井 37 对,平均每年发生突出 280 余次(数据截止到 2011 年年底)(张子敏等,2014)。

瓦斯既是导致大气环境污染的一种温室气体,又是重要的非常规天然气资源。瓦斯对臭氧层的破坏是 CO_2 的 7 倍,产生的温室效应是 CO_2 的 21 倍。同时,瓦斯又是一种优质、清洁、高效的新型能源,其主要成分(90% 以上)是甲烷(CH_4)。它的燃烧热量在 33.5 MJ/m³ 以上,每 1 m³ 瓦斯相当于 381.8 g 石油和 1 400 g 标准煤(张子敏,2009)。瓦斯的高效开发利用既能减少甚至杜绝煤矿瓦斯事故,又能改善能源结构,还可减少温室气体排放,具有"一举多得"的效果。

第二次全国煤矿瓦斯地质图编制时计算的数据埋深 2 000 m 以浅瓦斯资源量为 29.17 万亿 m³,与常规天然气储量相当,但构造作用剧烈且地质构造复杂,煤层渗透性低,造成瓦斯抽采难度大。中国位于冈瓦纳大陆与西伯利亚大陆之间的构造转换带,是现今全球板块构造运动最剧烈的地带之一,依次经历了古亚洲洋、特提斯-古太平洋和印度洋-太平洋三大动力体系的叠加、复合

(任纪舜等,1999);中国被夹持在周围大板块中,造成中国煤层构造煤发育、渗透率低,煤层渗透率比美国、加拿大、澳大利亚等国家的低 3~4 个数量级,瓦斯抽采困难(胡千庭等,2000)。

煤与瓦斯突出灾害预测防治是世界难题,我国是世界上煤矿瓦斯灾害最严重的国家之一,当前面临三大科学难题:① 地质构造复杂,构造煤发育,瓦斯突出灾害频发。目前,瓦斯突出机理虽然比较公认的是综合作用假说,但仍然处于假说阶段。瓦斯灾害防治涉及瓦斯赋存机理,构造应力场演化,构造挤压、剪切带的作用和分布以及构造煤的形成及分布规律等。② 我国瓦斯资源丰富,瓦斯抽采是瓦斯灾害防治的最有效的方法,又可以变害为利,减少大气污染。但是低透气性煤层发育,瓦斯抽采难度大,井下抽采率不足 15%,地面瓦斯抽采总量仅相当于美国的1/20。③ 深部煤层开采瓦斯治理难度大,地应力大,冲击地压参与煤与瓦斯突出,防治难度更大,瓦斯赋存机理仍然是国际性难题(张子敏等,2014)。

导致瓦斯灾害频发的根本原因是对瓦斯赋存规律认识不清。因此,要想从根源上寻找瓦斯灾害预防的方法,首先要搞清瓦斯赋存分布规律。瓦斯是气体地质体,现今瓦斯赋存分布状态是构造运动演化及其作用的结果。地质构造演化作用控制着瓦斯的生成条件、保存条件及赋存分布规律,构造的复杂程度控制着瓦斯突出的危险性大小,构造煤的发育特征控制着瓦斯防治的难度(张子敏,2009)。

导致瓦斯灾害频发的直接原因是对采动应力作用下地质构造环境劣化引起煤层瓦斯赋存状态的变化规律(瓦斯运移规律)认识不清。煤层开采,煤岩层应力重新分布,岩层原生裂隙扩展和次生微裂隙形成以及宏观断裂,采空区上覆岩层出现"三带",即冒落带、裂隙带和弯曲下沉带,下伏岩层出现曲率各异的上鼓现象,煤岩层的大量裂隙张开,地应力大范围释放,煤岩层透气性成百倍上千倍地增加,邻近煤层吸附瓦斯大量解吸,煤岩层瓦斯运移,形成新的瓦斯赋存状态。选择无突出危险或弱突出危险煤层作为优先开采的保护层就是利用该原理降低甚至消除被保护层(一般为矿井主要开采的厚煤层)的突出危险性,进而有利于实现被保护层的安全、高效回采。

本书围绕瓦斯赋存和瓦斯运移这两个关键问题,以受力分析及力的作用结果为主线,对瓦斯赋存构造逐级控制理论进行了力学解释;在此基础上,揭示了现代应力作用下断层、褶皱对瓦斯赋存和瓦斯突出的控制作用;探讨了近距离上保护层开采围岩应力分布、裂隙演化及渗透性对瓦斯运移的控制作用,确定了保护层开采过程中瓦斯危险源位置,并进行了工程实践。

1.2 国内外研究动态与趋势

1.2.1 地质构造对瓦斯赋存的影响

自 1834 年法国发生了世界上第一次有记载的煤与瓦斯突出以来,许多学者开始研究影响煤与瓦斯突出和瓦斯赋存的因素,尤其是地质构造对瓦斯赋存及煤与瓦斯突出的影响。

20 世纪 50 年代,苏联学者指出受地质因素作用瓦斯赋存不均匀,认为控制煤与瓦斯突出的重要因素之一是地质构造,提出一定量的瓦斯、碎裂的煤体、残余应力或构造应力及不利于瓦斯释放的作业方式等是发生煤与瓦斯突出的必要条件。Price(1959)强调瓦斯压力在突出发生中发挥了重要作用。Szirtes(1964)指出掘进巷道突出频繁与地质构造受扰动有关。Farmer 等(1967)发现突出仅发生在构造运动强烈的区域,突出与无烟煤分布有关,也与变形和沉积构造有关,如褶皱、断层、层滑构造尤其是煤层厚度急剧波动。氏平增之(1978)认为断层出现度与煤与瓦斯突出关系密切。兵库信一郎(1978)发现日本煤矿瓦斯突出主要集中在由断层、褶皱、岩浆岩侵入的破坏带。克拉佐夫等(1979)得出煤层构造揉皱系数与煤与瓦斯突出危险关系密切,其达0.86 以上时具有的突出危险性非常大。Shepherd 等(1981)指出可能超过90%的煤与瓦斯突出集中在不对称向斜轴部、平卧褶皱转折端和走滑断层、逆断层、反转构造、正断层的强烈变形区。Hargraves(1983)指出突出的位置取决于煤层埋藏、构造、岩浆岩及其他影响煤体非均匀的因素。扎比盖洛(1984)研究发现瓦斯突出受地质因素控制,其分布不均匀,并提出了其地质指标。Greedy(1988)认为地质构造是瓦斯赋存与分布的主要控制因素。Josien 等(1989)认为由结构变形或地质构造所引起的异常地应力的存在是瓦斯突出必须满足的 3 个条件之一。Frodsham 等(1999)认为构造煤是瓦斯富集的载体。

国内开展地质构造对瓦斯赋存及瓦斯突出影响的研究相对较晚。周世宁等(1999)首次提出了影响煤层原始瓦斯含量的八项地质因素。中国煤炭瓦斯学科创始人杨力生发现煤层瓦斯涌出与断层有密切关系。1978 年,彭立世和袁崇孚承担了我国第一个瓦斯地质课题"湘、赣、豫煤和瓦斯突出带地质构造特征研究"。20 世纪 80 年代以来,地质构造对煤与瓦斯突出的控制作用及构造煤形成与发育特征受到广泛关注。1982 年,原煤炭部设立了"全国煤矿瓦斯地质编图"重大攻关课题,旨在系统总结全国煤层瓦斯的生成与保存条件及分布规律,并出版了《1∶200 万中国煤层瓦斯地质图编制》。袁崇孚(1986)、彭立世等(1985,1988)指出地质构造运动破碎了煤体结构,降低了煤的强度,形成了构造煤,有利于瓦斯突出。曹运兴等(1993,1995)认为顺煤层断层有利于形成较厚的构造煤,瓦斯吸附量增大,瓦斯富集,通常是瓦斯突出的高发区。张子敏等(1995)分析了影响冀中能源邢台煤矿瓦斯赋存的地质因素。康继武等(1995)指出构造煤的类型及其分布是不同构造群落的叠加与复合作用的结果。曹运兴等(1996)、姜波等(1998)、张玉贵等(2007)、刘明举等(2006)、邵强等(2010)、侯泉林等(2012)分别从构造煤的煤岩学特征、构造煤结构及形成机理等方面分析其对瓦斯突出的影响。张子敏等(1998,1999a)在研究全国煤层瓦斯分布特征的基础上,提出了发生煤与瓦斯突出灾害的四种敏感地带。刘咸卫等(2000)指出突出主要发生在正断层上盘的主要原因是正断层上盘是下降盘,在下降过程中煤体受到挤压形成了构造煤。琚宜文等(2002,2006)指出复杂地质条件下煤层受层间滑动作用容易发生流变,煤层流变引起的厚度变化和煤体结构的破坏是造成煤矿瓦斯突出的主要因素。张子敏等(2005a)认为造成郑煤大平矿"10·20"特大型瓦斯事故的地质原因是该区域位于构造复合部位。王生全等(2006)认为煤层瓦斯含量、构造煤及构造应力集中是影响韩城矿区瓦斯突出的主控因素。韩军等(2008,2011,2012)分别研究了向斜构造、构造凹地及推覆构造对瓦斯突出的控制作用。刘义生等(2015)分析了开平向斜地质构造特征及其分异性,并探讨了构造对瓦斯的控制规律。高魁等(2019)运用瓦斯地质理论,研究了芦岭矿构造复杂区煤与瓦斯突出原因。

一些学者对地质构造的应力状态及其与瓦斯突出的关系进行了分析。于不凡(1985a,b)认为地应力在瓦斯突出中扮演了重要角色。谭学术等(1986)通过褶皱构造的光弹实验指出在具有煤与瓦斯突出危险的褶皱构造中,向斜轴部煤系的中、上部突出的可能性较大,其翼部也是可能突出的部位。徐凤银等(1995)研究了四川芙蓉矿区古构造应力场分布,认为其在瓦斯突出中起主导作用。张宏伟(2003)提出了从地质动力区划的角度预测瓦斯突出危险区的方法。员争荣(2004)分析了构造应力对煤层渗透率的影响。王恩营(2007)认为构造应力场的空间作用状态决定断层性质。李涛等(2011)认为构造应力场控制瓦斯突出,其分布决定了瓦斯突出区分布。张春华等(2013)研究了封闭型地质构造诱发煤与瓦斯突出的力学特性。贾天让等(2014b,c)认为褶皱构造背斜向向斜转折的部位剪应力集中,构造煤发育,是褶皱构造煤与瓦斯突出条带分布的主要原因。闫江伟等研究了平顶山矿区地应力分布特征与构造演化及分布的关系,将矿区地应力分布划分为高构造应力区、构造应力区和垂直应力区三类,并阐明了不同构造应力分区的瓦斯赋存分布特征(Yan et al., 2020)。

大量学者基于瓦斯突出的综合作用假说从地质构造对应力、瓦斯赋存和构造煤等因素的控制作用来解释瓦斯突出机理。于不凡(1985a,1985b)基于大量地质构造和瓦斯突出关系的实例分析,认为瓦斯突出是地应力、煤体结构、瓦斯压力及煤质不均匀造成的。梁金火(1991)分析了压性和张性构造等对突出的控制作用。黄德生(1992)指出构造规模的大小控制着煤与瓦斯突出范围的大小。王生全等(1994)研究了南桐矿区扭褶构造的分布规律,认为其对瓦斯突出具有控制作用。郭德勇等(1998,2002)将地质构造控制突出分布归结为四种作用类型,将地质构造分为突出构造和非突出构造及突出构造的突出段和非突出段。

随着研究的深入,许多学者开始从地质构造演化的角度分析瓦斯突出。朱兴珊等(1994,1997)以南桐矿区为例,从构造和构造应力场演化的角度分析了煤变质程度、煤体破坏程度和瓦斯含量的分布特征。张子敏等(2003,2005a,2007)从区域构造演化的角度研究了平顶山、淮北、新密等矿区的构造演化及其对瓦斯赋存的控制作用。宋岩等(2005)分析了构造演化对煤层气富集程度的影响。韩军等(2007)以阜新矿区为例指出不同形态的地质构造在构造应力场的多期演化过程中造成局部构造应力、构造煤和瓦斯赋存的区域性分布,从而控制矿井动力灾害的分区分带特征。张子敏等(2013)提出了瓦斯赋存构造逐级控制理论,通过第二次全国煤矿瓦斯地质编图,又完善了瓦斯赋存构造逐级控制理论及其技术路线,并把全国煤矿瓦斯赋存区域构造控制划分为 10 种类型,从而将中国煤矿瓦斯赋存分布划分为 30 个大区,为更深入揭示中国煤矿瓦斯赋存分布机理及瓦斯突出机理奠定了基础。贾天让等(2014b,c,d)、王蔚等(2016)揭示了构造演化对辽宁、吉林、贵州、湖南等省瓦斯赋存分布的控制规律及瓦斯带划分。

目前,国内外学者普遍承认瓦斯赋存受地质构造控制,并进行了广泛和深入研究,但由于我国地质条件复杂,地质构造与瓦斯赋存关系也复杂,不同区域地质构造对瓦斯赋存的控制作用不同,针对某一区域的研究成果很难适用于其他区域,而从力学角度解释瓦斯赋存地质构造控制理论,有利于其推广应用;另外,随着煤矿采深的不断增加,地应力在瓦斯突出及冲击地压中的作用越来越明显,而现代构造应力场对瓦斯赋存及瓦斯突出的影响未引起足够重视。

1.2.2 采动卸压瓦斯运移规律

煤矿的采掘活动,引起煤岩层应力重新分布,煤岩体变形破坏,裂隙增多,透气性增加,瓦斯卸压、运移(图1-1)。卸压瓦斯主要来源于本煤层或邻近层(包括围岩)。本煤层卸压瓦斯一部分掺混在风流中被排放到大气中,另一部分运移储集到采空区和采动围岩裂隙。邻近层卸压瓦斯运移、储集是一个十分复杂的过程,它不仅与采场空间形态和围岩裂隙演化有关,也与通风方式及瓦斯赋存状态有关。采动卸压瓦斯运移与储集规律研究主要集中在采空区和采动覆岩裂隙等区域。

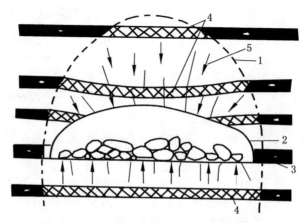

1—卸压圈;2—冒落圈;3—开采层;4—邻近层;5—瓦斯流向。

图1-1　邻近煤层的瓦斯流动(周世宁等,1999)

(1) 采空区瓦斯运移与储集规律

章梦涛等(1995)研究了煤岩体内流体的动力弥散问题,建立了流体弥散动力方程及定解条件,并将其应用到采空区瓦斯浓度分布与运移规律分析中。梁栋等(1995)在分析瓦斯在采动空间孔隙介质中的运动特征的基础上,建立了采动空间瓦斯运移的双重介质模型。丁广骧等(1996)建立了采空区变密度混合气非线性渗流及扩散运动的基本方程,并应用有限元法和上浮加权技术对该方程组的相容耦合方程组进行了求解。蒋曙光等(1998)把混合气体(瓦斯-空气)在采空区的流动视为在多孔介质中的渗流,建立了综采放顶煤开采采场三维渗流场的数学模型,并对其进行了数值解算。齐庆杰等(1998)在研究采空区瓦斯运移规律的基础上,分析了采场瓦斯浓度超限的原因,提出了采场瓦斯治理的技术方案。李宗翔等(2001a,b,2005)认为采空区冒落区是非均质变渗透性的流场,把渗透性系数与岩石碎胀系数的关系用 Kozery(科泽里)

理论描述,从而用有限元的方法求解了综采放顶煤开采采空区三维流场瓦斯涌出的扩散方程。刘卫群(2002)应用随机理论、渗流理论及数值分析的方法建立了给定条件下采空区渗流分析模型,利用该模型分析了采空区瓦斯浓度分布特征。胡千庭等(2007)、兰泽全等(2007)利用数值模拟的方法探讨了采空区瓦斯流动规律及浓度分布特征。胡胜勇等(2016)探讨了煤矿采空区瓦斯富集机制。赵洪宝等(2018)研制了采空区瓦斯体积分数区域分布三维实测装置,并进行了现场应用。周伟等(2018)以寺河矿为例,探讨了采空区瓦斯涌出来源量化判识方法。戴林超等(2019)研究了采空区瓦斯涌出强度对其流动规律的影响。程成等(2019)探讨了工作面回采速度对采空区瓦斯涌出的影响。罗振敏等(2020)应用 Fluent 数值模拟软件研究了通风风速、遗煤氧化升温和高温封闭对 U 型通风下的采空区瓦斯分布规律的影响。

(2) 采动煤岩体裂隙演化与瓦斯运移规律

采动裂隙场是瓦斯渗流、运移的主要通道,也是其储集区。煤岩体裂隙的分布、演化情况直接决定着其渗透性和瓦斯运移流动规律。Tien(1998)和 Yasitli(2005)分别对厚煤层长壁开采条件下的煤体应力、变形及裂隙分布规律进行了分析。钱鸣高等(1998)、许家林等(1995,2000)运用相似模拟、图像分析、数值模拟等手段,分析了煤层采动后覆岩层采动裂隙演化规律,提出了采动裂隙的 O 形圈分布特征(图1-2),并将其用于指导卸压瓦斯抽采设计,取得了显著效果。钱鸣高等(2000)提出了岩层控制的关键层理论,并据此提出了以煤与瓦斯共采等为主体的煤炭资源绿色开采概念,其团队相继发表了一系列学术论文,旨在建立煤矿绿色开采基础理论和技术框架。刘泽功等(2004)基于开采煤层顶板裂隙演化及分布特征,探讨了采空区顶板瓦斯抽采技术,并分析了实施该技术前后采空区瓦斯浓度场的分布规律。王亮(2009)探讨了巨厚火成岩下远程卸压开采煤岩体的裂隙演化规律及瓦斯渗流特征。刘洪永(2010)构建了采动煤岩体变形与瓦斯流动耦合动力学模型及数值计算方法。薛俊华(2012)分析了近距离高瓦斯厚煤层大采高条件下工作面裂隙发育区的分布特征和采空区瓦斯富集区位置,并提出了采用大直径钻孔群代替倾向高抽巷实现卸压瓦斯抽采的方法。薛东杰等(2012)由半无限开采积分模型求解出岩体内部位移场表达式,建立了裂隙分布模型及其简化力学模型,通过全应力应变渗透试验发现体积应变为 0.015 时瓦斯渗透急剧变化。吴仁伦等(2017)分析了煤层采高对采动覆岩瓦斯卸压运移"三带"范围的影响。李树刚等(2018)运用物理相似模拟试验及理论分析研究了在不同推进速度下覆岩裂隙的动态演化规律及形态特征。洛锋等(2018)研究了采动应力集中壳和卸压体空间形态演化及瓦斯运移规律。

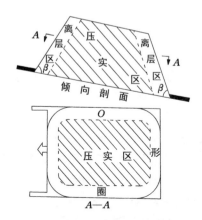

图 1-2 "O"形圈示意图(钱鸣高,1998)

在保护层开采时卸压瓦斯运移方面也取得了显著成果。袁亮(2004,2008a,b,2009)、卢平等(2010)结合淮南矿区特点先后提出论证了低透气煤层群开采条件下首采关键层卸压开采采空区瓦斯分布规律、卸压开采抽采瓦斯理论及煤与瓦斯共采技术体系。程远平等(2003,2004,2006)在淮南潘一矿进行了远程保护层瓦斯涌出规律研究,并制订了相应瓦斯抽采方案。涂敏等(2006)利用相似模拟试验研究了被保护层变形分区。贾天让(2006)、姚军朋(2007)和袁东升等(2009)结合平顶山矿区探讨了近距离保护层开采瓦斯涌出规律。戴广龙等(2007)讨论了保护层开采时上覆煤岩层采动裂隙的分布及保护层工作面瓦斯涌出量。石必明等(2006,2008)利用 RFPA 模拟软件研究了远距离下保护层煤岩破裂移动及被保护层透气性变化规律。林柏泉等(2008)分析了近距离保护层下行通风情况下采场瓦斯涌出规律。胡国忠等(2008,2009,2010)研究了东林矿急倾斜俯伪斜上保护层卸压有效范围。刘林(2010)研究了远距离下保护层开采后上覆煤岩体的应力分布、膨胀变形、卸压保护范围及卸压瓦斯流动规律,并提出了煤层卸压瓦斯抽采方法。黄华州(2010)根据淮南矿区瓦斯地质特点探讨了远距离被保护层卸压煤层气地面井抽采地质理论与工程技术。宋常胜(2012)研究了超远距离下保护层开采覆岩裂隙演化规律及瓦斯渗流特征,提出了其卸压有效范围参数。程详等(2020)探讨了软岩保护层开采覆岩采动裂隙带演化及卸压瓦斯抽采方法。

综上所述,关于采动卸压瓦斯运移规律的研究,目前国内外学者主要集中于采空区瓦斯运移与储集规律,而采动煤岩体裂隙演化与瓦斯运移规律主要集中在采动覆岩裂隙分布,首采煤层(保护层)的开采对远距离卸压煤层(被保护层)的卸压作用,顶板垮落、变形及瓦斯卸压解吸规律等方面。而对中近距离尤其近距离薄保护层采动底板应力场、膨胀变形规律、裂隙场分布规律及被保护层透气性与瓦斯流场的耦合规律缺少系统研究,对其开采过程中是否具有突出危险,突出危险区位置及如何实现煤、气高效共采也未做系统研究。

1.3　本书主要内容和技术路线

1.3.1　主要内容

本书围绕煤矿瓦斯赋存和瓦斯运移两个关键科学问题,以受力分析及力的作用结果为主线,运用理论分析、数值模拟和现场验证等方法,探讨了瓦斯赋存和运移的力学机制,并进行了工程实践验证,主要包括以下几个方面:

(1)瓦斯赋存构造逐级控制理论的力学解释

运用瓦斯地质相关理论,系统总结前人研究成果,揭示瓦斯赋存构造逐级控制的力学机制。在此基础上,结合平顶山、焦作等矿区瓦斯地质情况,研究挤压剪切对瓦斯赋存的控制作用;结合汾渭、冀中等地区瓦斯赋存情况,探讨拉张裂陷对瓦斯赋存的控制作用。

(2)构造应力对瓦斯赋存的控制作用

运用瓦斯赋存构造逐级控制的力学机制,探讨古构造应力和现代构造应力对瓦斯赋存的影响;采用理论分析、数值模拟和现场验证的方法,研究现代应力作用下不同走向断层附近应力分布规律,揭示其对瓦斯赋存及瓦斯突出的控制作用;分析褶皱形成对煤厚变化、构造煤形成及瓦斯赋存的影响,研究现代应力作用下褶皱分布规律,揭示褶皱对瓦斯赋存及瓦斯突出的控制作用。

(3)华北赋煤区构造变形特征与瓦斯赋存分区

分析华北赋煤区区域构造演化及控煤特征,研究煤系构造变形特征与构造煤分布规律,在分析华北赋煤区煤矿瓦斯赋存构造逐级控制特征的基础上,进行瓦斯赋存区、带划分,并分析其特征。

(4)保护层开采瓦斯运移的力学机制

采用 RFPA-GAS 和 FLAC 3D 软件模拟,研究保护层采动条件下顶底板应力状态、变形特征、裂隙演化规律、煤层透气性变化与瓦斯流场的耦合规律,分析瓦斯运移规律,圈定保护层开采过程中瓦斯危险区位置,进行保护层底板渗流区划分。

(5)保护层开采瓦斯运移力学机制的工程实践

利用保护层开采瓦斯运移力学机制研究成果,制订保护层工作面掘进、回采瓦斯抽采技术方案,并考察其效果;统计被保护层开采瓦斯涌出量、掘进速度、产量等,分析煤与瓦斯共采效果。

1.3.2 技术路线

运用瓦斯地质学、岩石力学、渗流力学和数值仿真等理论,采用理论分析、数值试验和现场验证的方法,以受力分析及力的作用结果为主,围绕瓦斯赋存和运移两个关键科学问题,开展煤矿瓦斯赋存和运移的力学机制及应用研究,技术路线见图 1-3。

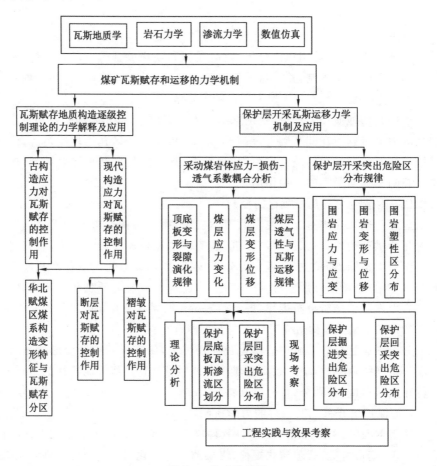

图 1-3　技术路线图

2　瓦斯赋存构造逐级控制理论的力学解释

　　瓦斯赋存分布规律是瓦斯灾害预防和瓦斯抽采的基础。本章从力学的角度解释了瓦斯赋存地质构造逐级控制理论的内涵,并结合平顶山矿区和焦作矿区瓦斯地质条件研究了煤岩层挤压剪切对瓦斯赋存的控制作用,结合汾渭低瓦斯区和冀中低瓦斯区研究了煤岩层拉张裂陷对瓦斯赋存的控制作用,完善了瓦斯赋存构造逐级控制理论。

2.1　瓦斯赋存构造逐级控制理论及其力学解释

　　该理论认为:瓦斯赋存受地质构造控制,板块构造控制区域地质构造,区域地质构造控制矿区地质构造,矿区地质构造控制矿井地质构造和采区、采面地质构造;地质构造演化控制着瓦斯的形成、赋存及构造煤、煤层渗透性与瓦斯突出危险区的分布;通过地质构造控制逐级缩小范围,最后圈定瓦斯富集区以及瓦斯突出危险区(图 2-1)。

　　从力学理论的角度解释瓦斯赋存构造逐级控制理论的内涵:瓦斯赋存受地质构造及其演化控制;构造应力场的性质控制着构造的性质、范围和强度,高级别构造应力场控制低级别构造应力场;通过研究各期构造运动及构造应力场对构造形成与性质、煤体物理力学性质、围岩等的影响,分离出构造挤压剪切区和拉张裂陷区;挤压剪切作用易破坏煤体、降低煤的强度而形成构造煤,煤层透气性降低,瓦斯的运移和逸散受到阻隔,有利于瓦斯保存,形成瓦斯富集区,控制着瓦斯突出危险区分布;拉张裂陷作用使应力释放,煤岩层透气性好,有利于瓦斯释放,形成低瓦斯煤层和低瓦斯矿井(图 2-2)。

　　(1)挤压剪切作用促进煤的动力变质,增强煤的产气能力和吸附能力

　　煤的动力变质作用是指地壳构造变动促使煤发生变质的作用(杨起等,1979)。1975 年,西安地勘研究所提出了"构造应力变质作用"的概念,它强调煤变质作用受构造体系及其构造应力场所控制。曹运兴等(1996)认为与同煤级的原生结构煤相比,构造煤的分子结构参数显示向略高煤级方向偏移,这表

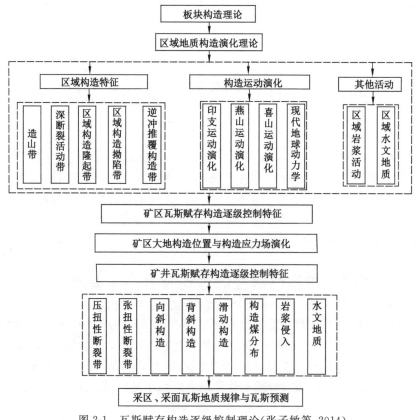

图 2-1　瓦斯赋存构造逐级控制理论(张子敏等,2014)

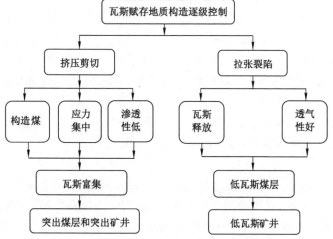

图 2-2　瓦斯赋存地质构造控制力学机制(Jia et al.,2015)

明构造煤的变质程度高于共生的原始结构煤。随着煤变质程度的增加,瓦斯产气量增加,吸附能力增强,瓦斯赋存量也增大。

(2) 挤压剪切作用利于形成封闭空间,易于瓦斯保存

挤压剪切作用,容易形成封闭性构造(如逆断层、推覆构造),应力集中,煤岩透气性差,瓦斯容易保存(图 2-3)。一般向斜构造轴部应力集中、瓦斯含量高及构造煤发育,且两翼煤层厚度局部变化,煤层倾角陡变,是发生煤与瓦斯突出集中地带。如平顶山矿区的李口向斜轴部断层不发育,煤层埋藏深度大,瓦斯逸散困难,瓦斯含量高。深部处于李口向斜轴部的八矿、十矿、十二矿和首山一矿,煤与瓦斯突出严重,是矿区严重突出区;而矿区西部矿井距李口向斜轴部越来越远,受其影响越来越小,煤层瓦斯含量明显小于矿区东部矿井,突出强度和频度也小于东部矿井。十矿戊组、丁组、己组已发生的 50 余次煤与瓦斯突出大都位于煤层倾角急剧变化和煤层厚度较厚且构造应力较为集中的区域(闫江伟等,2013,2015)。

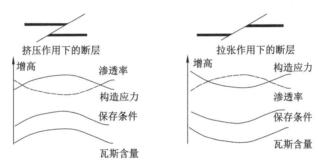

图 2-3　断层应力状态与瓦斯赋存的关系(Jia et al.,2015)

(3) 挤压剪切作用破坏煤体结构和强度,易于形成构造煤

在应力作用下,煤体可能发生脆性破坏、脆-韧性破坏和韧性破坏,而构造煤形成主要受韧性剪切作用控制。构造煤主要分布在煤层韧性剪切带,通常在发育压剪性断层带的上盘和褶皱过程中的层间滑动带。挤压应力越大、作用时间越长,煤体结构破坏程度越高,形成的构造煤越厚。

朱兴珊等(1994)研究发现应力的不均匀分布造成了河北下花园矿煤体结构破坏程度的较大差异。挤压作用较小的区域,构造煤不发育,呈块状;挤压作用强烈的区域,构造煤厚度较大。构造煤类型受三个主应力值的控制,见表 2-1。

表 2-1 下花园矿构造煤类型与应力状态之间的关系(朱兴珊等,1994)

破坏程度	应力状态($\sigma_1 > 0$)/MPa	构造煤类型
最强烈	$\sigma_3 < -30, \sigma_2 < 0$	以Ⅳ、Ⅴ类为主
强烈	$\sigma_3 = -30 \sim -20, \sigma_2 < 0$	Ⅲ、Ⅳ、Ⅴ都有
较强烈	$\sigma_3 = -20 \sim -10, \sigma_2 < 0$	以Ⅲ、Ⅳ类为主
轻微	$\sigma_3 < -30, \sigma_2 < 0$ 或 $\sigma_3 > -10, \sigma_2 > 0$	以Ⅲ类为主
最轻微	$\sigma_3 > -10, \sigma_2 > 0$	以Ⅰ、Ⅱ类为主

通过分析平顶山矿区构造演化发现,北西、北西西向构造与北东、北北东向构造相比受挤压作用时间长、活动剧烈,控制着北西、北西西向断层附近构造煤比北东、北北东断层附近发育。以十二矿为例,在六采区编录的 6 条北东向正断层,其中有 3 条落差分别为 1.2 m、1.0 m、0.7 m 的断层两盘构造煤不发育,宽度不足 1 m,主要是Ⅲ类构造煤,没有Ⅳ类构造煤。另外 3 条落差大于 1.5 m 的断层,两盘仅有 0.1 m 左右的Ⅳ类构造煤,构造煤主要为Ⅱ、Ⅲ类,影响带宽度不足 4 m;而北西向的断层,同样落差 1.5 m 的正断层两盘有 0.3 m 厚的Ⅳ类构造煤,影响带宽度 5 m,而构造煤整体影响带宽度为 12 m。另有 3 条落差大于 2.0 m 的正断层,其中Ⅳ类构造煤的影响带宽度为 5~15 m,构造煤整体影响带宽度为 15~30 m。

(4) 挤压作用降低煤体渗透率,利于瓦斯保存

煤是多孔介质,其渗透率与应力的关系可表示为:

$$K = K_0 \exp(-3 C_\varphi \Delta\sigma) \tag{2-1}$$

式中,K、K_0 分别为一定应力和无应力条件下的绝对渗透率,μm^2;C_φ 为煤的孔隙压缩系数,MPa^{-1};$\Delta\sigma$ 为应力变化量,MPa。

煤体渗透率随受到的应力增加而呈负指数降低,构造煤的渗透率随压力增加迅速降低甚至成为不渗透煤体,瓦斯的运移和逸散受到阻隔,从而有利于瓦斯的保存(图 2-3)。同时,随煤体渗透率的降低,作为阻止煤体裂纹压密、促进裂纹扩展的孔隙压力随之升高,使煤体抵抗破坏的能力降低(靳钟铭等,1991;唐巨鹏等,2006)。吸附的瓦斯降低了煤体裂隙表面的张力,使煤体颗粒间作用力减小,导致其破坏时所需要的表面能降低,部分削弱了煤体的强度(卢平等,2001)。另外,含瓦斯煤的脆性随瓦斯吸附量的增加而显著增加,煤体脆性越大,失稳破坏所需要的力越小(潘一山等,2005)。因此,应力增加既直接为瓦斯突出提供动力,又挤压煤体孔隙,使瓦斯压力增大,进一步增加了

瓦斯突出的动力,同时通过降低煤体强度而减少了瓦斯突出的阻力。

构造挤压区、构造尖灭区、逆冲推覆作用强烈区、构造复合部位等是构造应力集中区,往往也是煤层低渗透率分布区。构造应力松弛,开放性断层是低应力区,往往也是煤层高渗透率分布区。有学者分析我国煤层气试井数据发现,地应力对煤层渗透率影响明显,地应力大于 20 MPa 时,渗透率以小于 $0.1×10^{-3}$ $μm^2$ 为主;地应力小于 14 MPa 时,渗透率以大于 $0.1×10^{-3}$ $μm^2$ 为主;地应力处于 10~20 MPa 之间时,渗透率变化比较大。

（5）拉张裂陷作用使应力释放,利于瓦斯逸散

拉张裂陷作用使应力释放,瓦斯卸压解吸,原来闭合裂隙张开,卸压瓦斯通过这些裂隙逸散,瓦斯压力降低,发生瓦斯突出的动力减小（图 2-3）;同时,煤体由于吸附瓦斯量的减少,其强度有所增加,从而抵抗瓦斯突出的能力增强。

2.2 煤岩层挤压剪切对瓦斯赋存的控制作用

中国大陆受西伯利亚板块、太平洋板块、印度板块的推挤作用在板缘、板内形成造山带,如华北陆块北缘阴山-燕山、华北陆块南缘秦岭-大别山、太行山等造山带。造山带隆起推挤作用,使得煤田形成了一系列挤压剪切带,进而使煤岩层发生层间滑动,破坏煤体,形成构造煤,煤层透气性低,瓦斯赋存条件好,利于形成瓦斯富集区,形成了华北陆块北缘、华北陆块南缘、太行山东麓等7 个高瓦斯突出区,突出矿井 220 对。以华北陆块南缘高突瓦斯区的平顶山矿区和太行山东麓高突瓦斯区的焦作矿区为例,分析挤压剪切作用对瓦斯赋存的控制作用。

2.2.1 平顶山矿区瓦斯赋存地质构造控制规律

2.2.1.1 矿区瓦斯分布特征

依据矿区瓦斯地质规律,结合 17 对矿井的瓦斯地质资料,以一矿井田为界,将矿区划分为东、西两个瓦斯地质单元,西部瓦斯地质单元包括一矿西部、二矿、三矿、四矿、五矿、六矿、七矿、九矿、十一矿;东部瓦斯地质单元包括一矿东部、八矿、十矿、十二矿、十三矿和首山一矿,见图 2-4。

把矿区东西两单元的 671 个实测瓦斯含量按由小到大排序,纵坐标表示瓦斯含量,横坐标表示顺序（无量纲）,绘制到图 2-5 上,从图 2-5 上可以看出矿区瓦斯赋存分布有东高西低的特征。把瓦斯含量按小于 8 m^3/t、8~10 m^3/t、10~15 m^3/t 和大于等于 15 m^3/t 分,见图 2-6,从图上可以看出瓦斯含量大于 15 m^3/t 的矿井东部占 75% 以上。

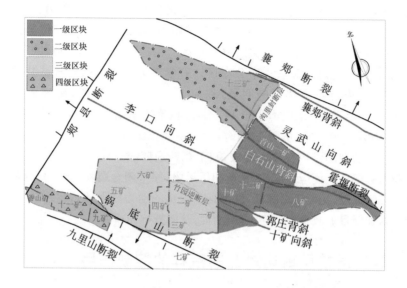

图 2-4 平顶山矿区构造纲要及东西单元示意图

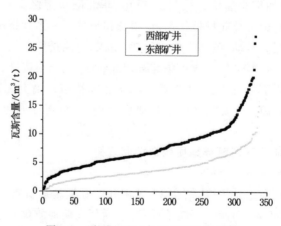

图 2-5 平顶山矿区各矿瓦斯含量对比

（1）矿区西部瓦斯地质单元

北西向锅底山断层倾向南西，延展长度 3 700 余米，是矿区西部井田的瓦斯赋存的主控制构造。断层上盘（南西盘）北西和北西西向的次级断裂比较发育，且为早期逆断层的上升盘，后期遭受拉张形成正断层的下降盘，造成断层附近煤体破碎，构造煤发育；断层下盘（北东盘）遭受北东-南西向的挤压比南

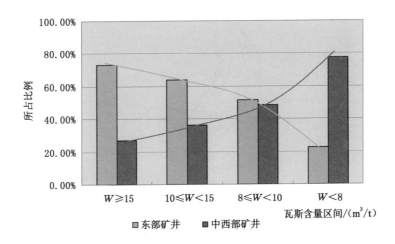

图 2-6　平顶山矿区东西部瓦斯含量分布柱状图

西盘相对较弱,为相对构造简单区,煤层破坏轻微。

锅底山断层上盘分布有五矿己二和己二扩大采区、七矿、九矿、十一矿和香山矿。五矿己二和己二扩大采区煤与瓦斯突出严重,五矿 13 次煤与瓦斯突出中 12 次发生在该区,实测最大瓦斯含量 14.03 m^3/t,最大瓦斯压力 1.7 MPa;远离锅底山断层的九矿、十一矿受断层影响依次减小,瓦斯含量逐渐降低,实测己组瓦斯含量最大值依次为 10.48 m^3/t、9.24 m^3/t。

矿区西半部锅底山下盘分布有一矿、二矿、三矿、四矿、五矿己三及己四采区、六矿和先锋矿,位于锅底山断层以东、郭庄背斜以西,是矿区构造相对简单区,区域内无大的控制性构造,煤层瓦斯主要受埋藏深度和上覆基岩控制。一矿和二矿开采同一区块不同煤层,一矿戊组实测煤层最大瓦斯含量 5.5 m^3/t,实测最高瓦斯压力 1.76 MPa,二矿开采的己组预测最大瓦斯含量为 16 m^3/t。四矿丁$_{5-6}$煤层实测最大瓦斯含量 4.78 m^3/t,实测最大瓦斯压力 2.4 MPa,己$_{16,17}$煤层实测最大瓦斯含量 11.88 m^3/t,实测最大瓦斯压力 2.6 MPa。六矿丁组煤层实测最大瓦斯含量 7.93 m^3/t,对应最大瓦斯压力 2.1 MPa。该区域煤层瓦斯含量比锅底山断层上盘区域高(图 2-7 和图 2-8),但突出频率和强度相对较弱。

(2) 矿区东部瓦斯地质单元

该区受李口向斜和牛庄逆断层等一系列北西、北西西向展布的断裂褶皱

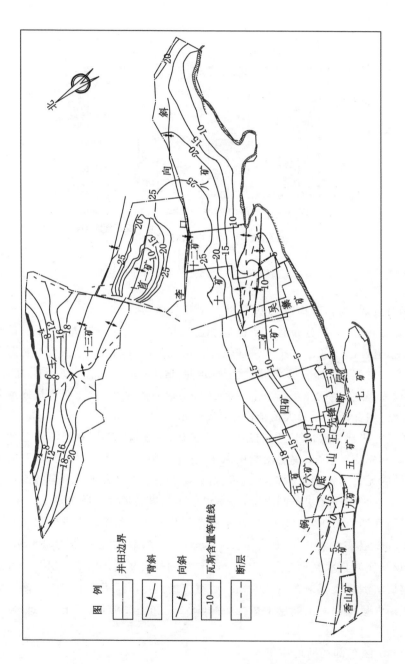

图2-7 平顶山矿区已组瓦斯含量等值线图（张明杰等，2019）

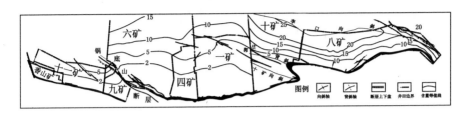

图 2-8　平顶山矿区戊组瓦斯含量等值线图(张明杰等,2019)

构造组成的逆冲推覆带控制,构造复杂,应力作用强烈,煤体破坏严重,构造煤厚度一般 1 m 以上,瓦斯含量高(图 2-7 和图 2-8),煤与瓦斯突出严重。该区发生煤与瓦斯突出 122 次,占矿区总突出次数的 79.2%(魏国营等,2015)。

2.2.1.2　矿区构造应力场演化及控制特征研究

平顶山矿区位于华北板块南缘-秦岭造山带北缘逆冲断裂褶皱带的渑池-宜阳-鲁山-平顶山-舞阳段,如图 2-9 所示(张国伟等,2001)。其特点是具有典型的华北型早前寒武纪结晶基底和中元古代以来的盖层结构,是在前寒武纪基底基础上卷入秦岭造山作用的原华北板块南缘部分。该区盖层变质变形与岩浆活动向造山带方向逐渐增强。

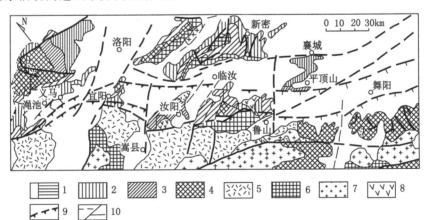

1—中新生界;2—上古生界-三叠系;3—下古生界;4—中上元古界;5—中元古界熊耳群;
6—下元古界和太古界;7—侵入岩;8—新生代基性火山岩;9—逆冲推覆断层;10—断层。

图 2-9　秦岭北缘逆冲推覆构造系渑池-舞阳区段地质简图(张国伟等,2001)

晚海西期至早印支期,受北部西伯利亚板块的推挤作用,华北板块与扬子板块碰撞拼接,秦岭大别造山带开始隆起,如图 2-10 所示(孙枢等,1988)。

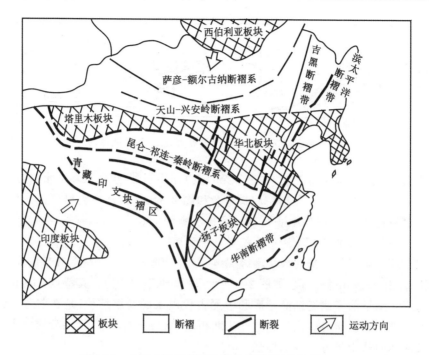

图 2-10 中国大陆及邻区构造分区简图(孙枢等,1988)

印支期以来,矿区受秦岭造山带的控制和改造,主要表现为燕山中期,秦岭造山带北缘边界断裂,发生由南西向北东指向造山带外侧的强烈逆冲推覆(图 2-11)。

来自南西侧的推挤力,使平顶山矿区发生了逆冲推覆断裂褶皱作用,形成了一系列北西-北西西向构造,如锅底山断裂和李口向斜等,见图 2-12 和图 2-13。李口向斜枢纽朝 N51°W 倾伏(6°~12°),南东端收敛仰起,向斜北东翼倾角 8°~24°,南西翼倾角 10°~25°,反映了推挤力为南西向北东。郭庄背斜和牛庄向斜翼部揭露小断层多为断层面向南西倾斜、向北东逆冲的逆断层,也反映了构造作用力来自南西向北东的推挤力。

几乎同时期,受太平洋板块向北北西向俯冲作用,平顶山矿区又叠加了北北东-北东向构造,八矿井田内的任庄向斜盆形构造就是北西向与北东向联合作用的结果(图 2-14)。北北东向断裂表现为左行压扭,一系列北西-北西西向逆断层由于差异升降活动,反转为正断层。

燕山末期至喜马拉雅早期,华北板块处于引张、裂陷、伸展的地球动力学背景下,平顶山矿区表现为一个四周坳陷中间拱托的宽条带状隆起的块体,北

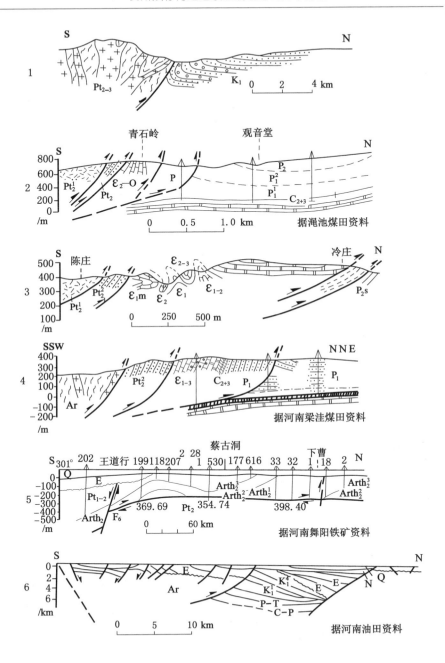

1—宝鸡李家拐;2—渑池;3—宜阳;4—鲁山;5—舞阳;6—周口盆地南缘。

图 2-11 秦岭造山带北缘逆冲推覆各地段构造剖面(张国伟等,2001)

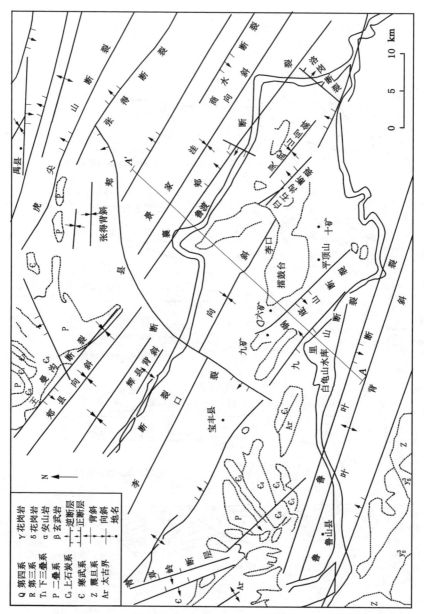

图2-12 平顶山矿区地质构造简图（张子敏，2009）

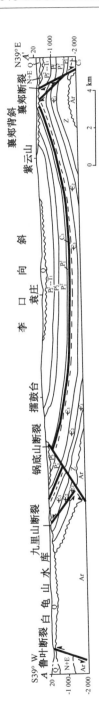

图2-13 平顶山矿区地质构造简图的A—A'地质剖面图

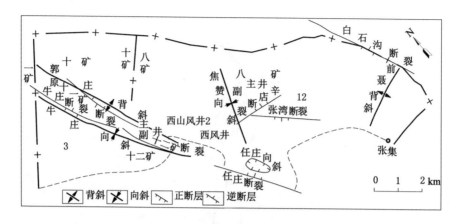

图 2-14　平顶山矿区东部矿构造纲要图(据张子敏,2009)

东向、北北东向断裂表现为右行张扭性活动。郏县断裂、洛岗断裂和霍堰断裂等反转为正断层。

2.2.1.3　矿区瓦斯赋存构造逐级控制特征

平顶山矿区位于华北板块南缘-秦岭造山带北缘逆冲断裂褶皱带,既受华北板块控制,又受秦岭造山带逆冲断裂褶皱带的控制,瓦斯赋存区域地质构造控制类型属于造山带推挤作用控制型。该区石炭-二叠纪含煤地层沉积后,经历了印支、燕山和喜马拉雅三期构造运动。印支期以来,受秦岭造山带的控制和改造。尤其燕山中期(J_2-K_1),受秦岭造山带北缘逆冲断裂褶皱带由南西向北东逆冲推覆作用,矿区内形成了一系列北西、北西西向构造,在此过程中,煤体破碎,形成构造煤。几乎同时期,矿区又叠加了北东、北北东向构造。北东、北北东向构造表现为左行压扭性活动,有利于构造煤形成;一系列北西、北西西向逆断层由于差异升降活动,反转为正断层,利于瓦斯部分逸散。燕山末期至喜马拉雅早期(K_2-E),矿区表现为隆升伸展活动,北东、北北东向断裂表现为右行张扭性活动,利于瓦斯部分逸散;北西、北西西向断裂表现为左行压扭性活动,利于形成构造煤和瓦斯保存。

北西、北西西向构造与北东、北北东向构造相比受挤压作用时间长,活动剧烈,全矿区发育,是平顶山矿区瓦斯赋存的主控构造,控制着矿区高瓦斯、突出区分布,也是矿区构造煤北西、北西西向断层附近比北东、北北东断层附近发育的根本原因,北东、北北东向正断层仅落差大于 1 m 时,才有少量的Ⅲ类煤发育;而北西、北西西向的断层附近构造煤都比较发育,逆断层附近煤体的破坏程度及发育厚度大于正断层。矿区东部北西、北西西向构造尤其是褶皱构造较西部发育，是矿区瓦斯赋存表现为东高西低和东部矿井突出强度、频率远远大于西部矿井的根本原因。矿区共发生煤与瓦斯突出 154 次，其中东部发生 122 次，占总突出次数的 79.2%。平顶山矿区最大突出煤岩量 2 243 t、瓦斯量 47 509 m^3，发生在东部的十矿；最大突出瓦斯量 308 557 m^3、煤岩量 1 133 t，发生在东部的十三矿。平顶山矿区现代构造应力场主压应力为近东西向，北西、北西西向构造右旋压扭，北东、北东东向构造左旋压扭，所以在这些地质构造附近构造应力集中，易发生瓦斯突出事故，两者复合部位更严重。

2.2.2　焦作矿区瓦斯赋存地质构造控制规律

（1）矿区瓦斯分布特征

焦作矿区由凤凰岭大断层和峪河口断层划分为 3 个瓦斯地质单元（图 2-15）。凤凰岭断层以北、峪河口断层以西所围限的区域为突出严重区域，矿区 9 对突出矿井全部分布在该区。始突深度最浅 150 m，发生在韩王矿；最大突出发生在九里山矿，突出强度为 2 397 t/次、232 500 m^3/次。凤凰岭断层以南由于煤层埋藏深度大，没有煤矿开采，但地面煤层气井测试瓦斯含量为 42.79 m^3/t，为全矿区最高；峪河口断层以东主要有赵固一矿，为矿区的低瓦斯区。

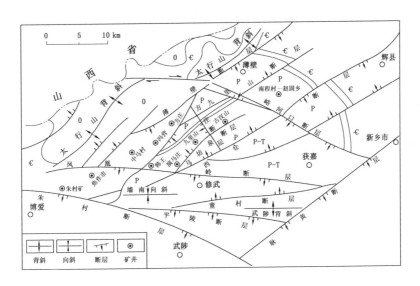

图 2-15　焦作矿区构造纲要图

（2）矿区构造应力场演化及控制特征

该区位于北北东向展布的太行山背斜的东翼南段，由近南北向向东西向弧形转折部位，受太行山造山带控制，是华北晚古生代聚煤盆地的一部分。

该区石炭-二叠纪含煤地层沉积后，主要经历了印支期、燕山期和喜山期等多次构造运动。

印支期（T_1-J_1），华北陆块受到北缘的西伯利亚板块和南缘的扬子陆块的俯冲碰撞作用，形成南北向挤压应力场，区内形成与煤同沉积的近东西向大断裂。

燕山期（J-K_2），东部太平洋板块对华北陆块俯冲，区域主压应力为北西-南东向，太行山主体隆起，形成北东向挤压逆断层。

喜山期（E_1-Q_1），以北西-南东向拉张为主的新生代裂陷作用，使原来的北东向逆断层反转为如今的反向正断层，且伴有北西向断裂生成，北东向断裂被北西向断裂截切或封闭，共同发育并围限了一系列地堑、地垒。

中更新世以来，太行山南缘构造应力场以北东东-南西西向挤压占主导地位，造成东西向断裂反扭和北东向断裂的顺向压扭。

（3）矿区瓦斯赋存构造逐级控制特征

该矿区位于太行山东麓高突瓦斯带，瓦斯赋存区域地质构造控制类型属于造山带推挤作用控制型，主要受太行山造山带的控制。

印支期，区内近东西向断裂处于同沉积作用，含煤沉积地层是一个瓦斯逸散通道不发育的较完整沉积块体，且煤层埋深又大，有利于瓦斯保存。

燕山期，太行山造山带开始隆起，矿区受到南东向推挤作用，形成一系列北东、北北东向的以挤压为主的断裂和褶皱，是造成该区构造煤比较发育的重要原因，利于瓦斯的生成和保存。

喜山期，以北西-南东向拉张为主的新生代裂陷作用，使北东向逆断层反转为正断层，且太行山区在深部挤压、浅部伸展控制下快速隆起，有利于瓦斯释放；近东西向断裂挤压较强，对煤层瓦斯释放较少。值得注意的是该期伴有北西向断裂生成，如峪河口断层。峪河口断层以东的赵固井田位于断层的上升盘，受隆起剥蚀作用，煤层上覆基岩厚度相对较薄，瓦斯大量逸散，目前表现为低瓦斯区。

中更新世以来，区域主应力方向为北东东-南西西向，近东西向断裂处于反扭拉张，并使煤层与透气性强的奥陶系灰岩对接，构成瓦斯逸散通道，造成其周围一定范围内瓦斯逸散；北东向断裂处于压扭状态，且与透气性低的含煤岩系对接，瓦斯逸散较少。

多期的构造运动造就了该区正断层发育,几乎找不到逆断层,且正断层附近大型、特大型突出偶有发生的独特现象。

2.3 煤岩层拉张裂陷对瓦斯赋存的控制分析

燕山晚期至喜山早期,太平洋板块向中国大陆的俯冲方向由原来的北北西转为北西西向,同时随着印度板块挤压应力的增强,使华北板块不断向东蠕散,而处于引张、裂陷、伸展的地球动力学背景下,在华北、东北地区北北东-北东向构造发生大规模的拉张、裂陷,汾渭、冀中、依兰-伊通等煤田受区域构造拉张裂陷作用,煤层瓦斯大量逸散,瓦斯风化带深,以低瓦斯矿井为主。

（1）汾渭低瓦斯区

该区位于山西断隆西部,主要受汾渭地堑构造带控制,瓦斯赋存区域地质构造控制类型属于拉张裂陷控制型。主要包括汾西、霍州等煤田,含煤地层为石炭-二叠系。现有 10 对高瓦斯矿井,71 对低瓦斯矿井。最大瓦斯压力在屯兰煤矿,为 1.9 MPa;最大瓦斯含量在东曲煤矿,为 22.07 m^3/t(可燃基)。

（2）冀中低瓦斯区

该区位于华北断拗东南部,瓦斯赋存区域地质构造控制类型属于拉张裂陷控制型。主要包括邢台、开滦(南)等矿区,含煤地层为石炭-二叠系。现有 1 对高瓦斯矿井、11 对瓦斯矿井。最大瓦斯压力和最大瓦斯含量都在邢台矿区东庞矿,分别为 0.7 MPa 和 14.1 m^3/t。

2.4 本章小结

本章在完善瓦斯赋存构造逐级控制理论的力学解释的基础上,分别探讨了煤岩层受挤压剪切和拉张裂陷作用对瓦斯赋存的影响,完善了瓦斯赋存构造逐级控制理论,具体成果如下:

（1）完善了瓦斯赋存构造逐级控制理论的力学解释:瓦斯赋存受地质构造及其演化控制;构造应力场的性质控制着构造的性质、范围和强度,高级别构造应力场控制低级别构造应力场;通过研究各期构造运动及构造应力对构造形成与性质、煤体物理力学性质、围岩等的影响,分离出构造挤压剪切区和拉张裂陷区。挤压剪切作用易破坏煤体,降低煤的强度,从而形成构造煤,煤层透气性降低,瓦斯的运移和逸散受到阻隔,有利于瓦斯保存,形成瓦斯富集区,控制着瓦斯突出危险区分布;拉张裂陷作用使应力释放,煤岩层透气性好,有利于瓦斯释放,形成低瓦斯煤层和低瓦斯矿井。

(2) 以平顶山矿区为例,分析了煤岩层挤压剪切对瓦斯赋存的控制作用。矿区位于华北板块南缘-秦岭造山带北缘逆冲断裂褶皱带,既受华北板块控制,又受秦岭造山带逆冲断裂褶皱带的控制,瓦斯赋存区域地质构造控制类型属于造山带推挤作用控制型。印支期以来,主要受秦岭造山带的控制和改造。尤其燕山中期,受秦岭造山带北缘逆冲断裂褶皱带由南西向北东逆冲推覆作用,矿区内形成了一系列北西、北西西向构造,在此过程中,煤体破碎,形成构造煤。几乎同时期,矿区又叠加了北东、北北东向构造。北东、北北东向构造表现为左行压扭性活动,有利于构造煤形成;一系列北西、北西西向逆断层由于差异升降活动,反转为正断层,有利于瓦斯部分逸散。燕山末期至喜马拉雅早期,矿区表现为隆升伸展活动,北东、北北东向断裂表现为右行张扭性活动,有利于瓦斯部分逸散;北西、北西西向断裂表现为左行压扭性活动,有利于形成构造煤和瓦斯保存。北西、北西西向构造与北东、北北东向构造相比受挤压作用时间长、活动剧烈,全矿区发育,是平顶山矿区瓦斯赋存的主控构造,控制着矿区高瓦斯、突出区分布。矿区东部瓦斯地质单元北西、北西西向构造尤其褶皱构造较西部瓦斯地质单元发育,是矿区瓦斯赋存表现为东高西低的根本原因。

(3) 以焦作矿区为例,分析了煤岩层挤压剪切对瓦斯赋存的控制作用。矿区位于太行山东麓,主要受太行山造山带的控制,瓦斯赋存区域地质构造控制类型属于造山带推挤作用控制型。印支期,区内形成近东西向同沉积断裂,瓦斯逸散通道不发育,且煤层埋深大,有利于瓦斯保存。燕山期,由于太行山造山带隆起推挤作用,在矿区形成一系列北东、北北东向以挤压为主的断裂和褶皱,构造煤发育,有利于瓦斯的生成和保存。喜山期,以北西-南东向拉张为主的裂陷作用,使北东向逆断层反转为正断层,且太行山快速隆起,有利于瓦斯释放;新构造期,区域主应力方向为北东东-南西西向,近东西向断裂处于反扭拉张,有利于瓦斯部分逸散;北东向断裂处于压扭状态,且与透气性低的含煤岩系对接,瓦斯逸散较少。多期的构造运动造就了该区正断层发育,几乎找不到逆断层,且正断层附近大型、特大型突出偶有发生的独特现象。

(4) 结合汾渭、冀中等地区瓦斯赋存情况,分析了拉张裂陷对瓦斯赋存的控制作用。燕山晚期至喜山早期,太平洋板块向中国大陆的俯冲方向由原来的北北西转为北西西向,同时随着印度板块挤压应力的增强,使华北板块不断向东蠕散,而处于引张、裂陷、伸展的地球动力学背景下,汾渭、冀中、依兰-伊通等煤田受其影响,煤层透气性好,瓦斯大量逸散,瓦斯风化带深,以低瓦斯矿井为主。

3　现代应力对瓦斯赋存的控制作用

由于瓦斯突出现象的复杂性,瓦斯突出机理仍停留在假说阶段,目前普遍承认煤与瓦斯突出是地应力、包含在煤体中的瓦斯及煤体自身物理力学性质三者综合作用的结果。表面上看,三者彼此独立互不影响,其实构造应力把三者联系了起来。古构造应力从产生动力变质、控制煤层内瓦斯的运移和赋存条件及破坏煤体结构和强度三个方面影响瓦斯赋存。现代构造应力既直接为瓦斯突出提供动力,又挤压煤体孔隙,使瓦斯压力增大,增加瓦斯突出的危险性。

随着煤矿开采深度的不断增加,地应力在瓦斯突出中的作用越来越明显。多期的构造运动形成了不同产状的断层、褶皱等构造,决定了其在现代应力场中应力分布情况不同。由瓦斯赋存构造逐级控制理论的力学解释可知:挤压剪切作用使煤层透气性降低,瓦斯的运移和逸散受到阻隔,有利于瓦斯保存;而拉张作用释放应力,煤岩层透气性变好,有利于瓦斯释放。本章探讨了现代应力作用下断层和褶皱对瓦斯赋存及突出的影响。

3.1　现代应力作用下断层走向对瓦斯赋存的影响

3.1.1　不同走向断层附近应力分布规律

（1）模型建立

利用 RFPA-GAS 模拟软件,在考虑材料不均质性的基础上,分别建立了断层方向与主应力方向夹角为 0°（水平）、22.5°、45°和 90°（竖直）四种模型（见图 3-1 和表 3-1）,断层走向长度 200 m,煤岩层参数见表 3-2,应力方向为竖直方向,其他方向为位移约束。地应力大小为 10 MPa。

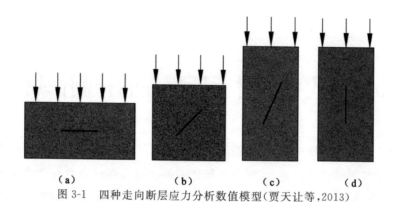

（a）　　　　　（b）　　　　　（c）　　　　　（d）

图 3-1　四种走向断层应力分析数值模型（贾天让等，2013）

表 3-1　不同走向断层应力分析模型参数

编号	与主应力夹角/(°)	模型单元	尺寸/m×m	备注
模型 1	90	300×150	600×300	图 3-1(a)
模型 2	45	200×200	400×400	图 3-1(b)
模型 3	22.5	150×300	300×600	图 3-1(c)
模型 4	0	150×300	300×600	图 3-1(d)

表 3-2　不同走向断层应力分析模型的岩层参数

名称	均质度系数 m	抗压强度 σ_{bc}/ MPa	弹性模量 E/GPa	自重 /(10^{-5} N/mm³)
围岩	3	100	50	2.2
断层	1	2	10	—

（2）模拟结果

对四种数值模型分别施加 10 MPa 应力，应力平衡后，沿断层走向作剖面提取断层附近 50 m 范围剪应力、最大主应力和最小主应力，分别见图 3-2～图 3-4。

3.1.2　断层走向对瓦斯赋存的影响

由图 3-2～图 3-4 可以看出，小于走向 200 m 断层的断层走向影响范围在 50 m 以内。在断层走向与主应力方向夹角为 0°（断层走向与最大主应力平

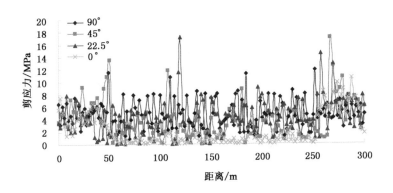

图 3-2 断层附近剪应力(贾天让等,2013)

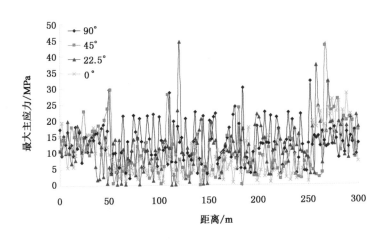

图 3-3 断层附近最大主应力(贾天让等,2013)

行)时,围岩靠近断层尖灭端发生明显应力集中,在断层内部剪应力明显降低,普遍小于施加应力的 1/10(1.0 MPa);最大主应力(压应力)也部分降低,普遍小于施加应力(10 MPa),最小主应力(拉应力)在断层处明显增大,因此,此类断层有利于应力释放,煤岩层透气性较好,突出危险性小,但断层尖灭端特别是断层下尖灭端出现应力集中,局部达施加应力的 2.8 倍(28 MPa),瓦斯保存条件相对较好,需预防瓦斯事故。

断层走向与主应力方向夹角为 22.5°时,断层内部开始出现明显应力集中

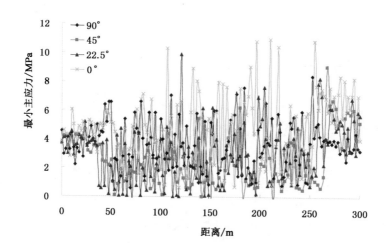

图 3-4   断层附近最小主应力(贾天让等,2013)

带,在断层中部和断层下尖灭端剪应力、最大主应力均出现一处极大值,分别为施加应力的 1.72 倍(17.2 MPa)和 4.43 倍(44.3 MPa),最小主应力也出现极值,具有突出危险性。

断层走向与主应力方向夹角为 45°时,应力集中带进一步增加,并且集中带应力值普遍增大,在断层中部和断层尖灭端剪应力、最大主应力出现四处极值,断层下尖灭端出现极大值,分别为施加应力的 1.69 倍(16.93 MPa)和4.29 倍(42.93 MPa),挤压剪切形成局部应力集中,破坏煤体,煤层渗透性低,瓦斯的运移和逸散受到阻隔,有利于瓦斯保存,形成局部瓦斯富集区,突出危险性局部较大。

断层走向与主应力方向夹角为 90°(断层走向与最大主应力垂直)时,在断层中部和断层尖灭端剪应力、最大主应力也出现四处极值,但极值明显小于夹角 45°时,挤压剪切应力集中趋于平均分布,最大主应力为施加应力的 2 倍(20 MPa)左右,煤层渗透性低,有利于瓦斯保存,形成大范围的瓦斯富集区,突出危险性整体大。

从上述分析可以看出,断层走向与最大主应力平行时,有利于应力释放,煤层透气性较好,突出危险性小,但断层尖灭端出现应力集中,瓦斯保存条件相对较好,需预防瓦斯事故;随着断层走向与主应力方向夹角的增大,挤压应力影响范围随之增大,突出危险范围也随之增大;断层走向与最大主应力垂直时,有利于断层形成应力闭合空间,煤层渗透性低,从而形成大的瓦斯富集区,突出危险性最大。

3.1.3 典型实例

（1）平顶山矿区地应力对瓦斯突出的控制作用分析

平顶山矿区以北西、北西西向断层为主，北东、北东东向次之，在现代构造应力场作用下（最大主应力方向近东西），北西、北西西向断层右旋压扭，北东、北东东向断层左旋压扭，北西、北西西向和北东、北东东向断层附近应力都相对集中，都具有突出危险性，但由于北西、北西西向断层受挤压时间长、构造煤发育，突出危险性较北东、北东东向断层大。平顶山矿区瓦斯突出资料证明，北西、北西西向和北东、北东东向断层附近都发生过瓦斯突出，且北西、北西西向断层附近较多。

断层构造尖灭端应力集中，是突出多发区。平顶山矿区己组煤层瓦斯突出有 2 个集中带（张铁岗，2001）：① 八矿己三扩大采区瓦斯突出集中带，突出 15 次，占八矿己组煤层煤与瓦斯突出总数的 83.3 %，见图 3-5；② 十二矿己$_{15}$-16101工作面瓦斯突出集中带，突出 12 次，占十二矿己组煤层煤与瓦斯突出总数的 46%，见图 3-6。

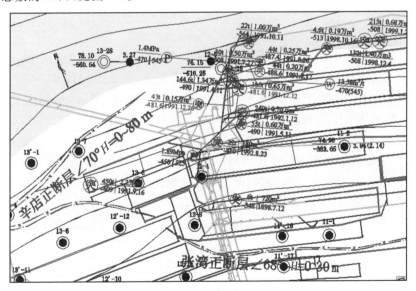

图 3-5　八矿辛店正断层尖灭端瓦斯突出集中带瓦斯地质略图示意图（贾天让，2014a）

八矿己三扩大采区瓦斯突出集中带位于北东东向辛店正断层（走向长 2.5 km，断面倾向北北西，倾角 35°～60°，落差 0～80 m，断层破碎带 2～5 m）尖灭

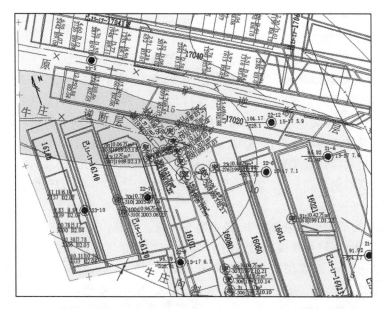

图 3-6 十二矿牛庄逆断层尖灭端瓦斯突出集中分布区瓦斯地质略图示意图
(贾天让,2014a)

端,同时位于北西、北西西向张湾正断层(走向长 2.5 km,断面倾向南西,倾角
40°,落差 0~20 m)的下盘,应力集中,构造煤发育(在正常地段Ⅲ、Ⅳ类构造
煤仅 0.2~0.3 m 厚,在此区域Ⅳ、Ⅴ类构造煤平均厚度 0.8 m,局部达 1.5 m
以上,顺辛店断层延展方向形成构造煤发育带),瓦斯含量高达 13.58 m³/t、瓦
斯压力 1.89 MPa,是其突出严重的主要原因。十二矿己₁₅-16101 工作面瓦斯
突出集中带位于北西向牛庄逆断层(走向长 2.8 km,断面倾向北东,倾角 60°
~65°,落差 0~20 m)尖灭端,同时也位于北西向原十一矿逆断层(走向长 3.5
km,断面倾向南西,倾角 60°~65°,落差 0~40 m)的下盘,应力集中,构造煤
成层发育(煤体破坏类型为Ⅲ、Ⅳ类),瓦斯压力高达 2.6 MPa,是其突出的主
要原因。

(2)鹤岗矿区地应力对瓦斯突出的控制作用

中国矿业大学(北京)在鹤岗矿区进行了地应力测试,结果见表 3-3。由
表 3-3 可以看出,矿区最大水平主应力为近东西向。鹤岗矿区共发生了 16 次瓦
斯突出,其中大型和特大型突出各 1 次,分别发生在南山矿和兴山矿;中型突出
9 次,主要集中在益新矿;其余为小型突出。瓦斯突出点的最大主应力采用其附
近地应力测试结果,统计了各矿井最大主应力与突出的关系,见表 3-4。

表 3-3　鹤岗矿区地应力测试结果

钻孔位置	深度/m	主应力				垂向应力/ MPa
		应力	大小/ MPa	方位角/(°)	倾角/(°)	
益新矿 22 层机道	487	σ_1	21.7	107.3	7.7	13.6
		σ_2	9.8	25.5	13.3	
		σ_3	8.7	236.7	74.5	
益新矿北一胶带暗斜井	635	σ_1	19.0	89.3	0.2	13.4
		σ_2	10.5	179.4	24.6	
		σ_3	9.9	269.9	65.3	
益新矿南一石门入风上山	561	σ_1	20.3	70.7	−0.2	12.0
		σ_2	11.5	157.7	85.7	
		σ_3	8.9	247.7	4.22	
峻德矿三水平北一胶带石门	720	σ_1	33.4	87.0	−8.2	21.16
		σ_2	18.7	177.0	−23.0	
		σ_3	10.8	267.0	−52.0	
峻德矿三水平北三九层专用回风石门	470	σ_1	22.9	79.0	8.7	13.20
		σ_2	8.3	152.0	−62.0	
		σ_3	10.9	237.0	−13.0	
峻德矿三水平南三区 −363 m 总轨道石门	627	σ_1	32.5	111.5	−2.5	17.49
		σ_2	16.4	−62.0	−14.4	
		σ_3	14.4	205.0	−56.4	
南山矿东部区北部 −120 m 总回	539	σ_1	27.9	228.4	7.9	14.223
		σ_2	23.4	−80.9	−78.5	
		σ_3	20.0	132.8	−8.1	
南山矿东部区北部 −120 m 总回	539	σ_1	25.7	228.4	7.9	14.438
		σ_2	23.3	−80.9	−78.1	
		σ_3	20.0	133.1	−8.6	
南山矿东部区 −180 m 运输大巷	508	σ_1	23.9	226.3	−40.5	12.946
		σ_2	20.7	124.1	18.0	
		σ_3	18.8	177.9	20.9	

表 3-3(续)

钻孔位置	深度/m	主应力				垂向应力 /MPa
		应力	大小/MPa	方位角/(°)	倾角/(°)	
南山矿东部区 −310 m 强力胶带巷	631	σ_1	31.8	222.1	−14.7	17.258
		σ_2	26.0	65.2	−76.2	
		σ_3	22.3	136.1	6.8	
兴安矿四水平 17 层 中部区二段总机道	730	σ_1	30.1	113.1	12.1	23.61
		σ_2	16.9	20.9	9.9	
		σ_3	15.0	252.8	74.3	
兴安矿四水平北 11 层 一二区二段总机道	754	σ_1	32.7	69.2	4.2	24.03
		σ_2	16.9	167.2	62.6	
		σ_3	14.8	259.4	27.0	
兴安矿三水平 南边界石门	563	σ_1	30.5	86.6	1.7	13.95
		σ_2	14.5	193.6	84.1	
		σ_3	14.1	103.7	−5.6	
兴山矿三水平 南翼胶带巷	459	σ_1	17.9	116.5	3.0	11.7
		σ_2	9.4	−33.2	79.8	
		σ_3	9.3	219.3	9.7	
兴山矿深部区缆车 暗井下山 −340 m 标高底弯处	708	σ_1	21.6	107.2	11.0	15.76
		σ_2	11.3	−39.3	17.8	
		σ_3	8.6	162.8	72.0	
兴山矿东扩区新区 −90 m 标高岩巷	458	σ_1	18.6	97.5	−2.4	11.10
		σ_2	16.5	−83.4	44.5	
		σ_3	13.2	97.5	1.4	
兴山矿三水平北大巷	466	σ_1	14.7	82.7	3.9	11.11
		σ_2	8.0	−16.7	67.1	
		σ_3	7.2	174.3	22.4	

表 3-4 鹤岗矿区各矿井瓦斯突出与最大主应力关系统计表

序号	时间	矿别	位置	煤层	煤厚 /m	标高 /m	埋深 /m	突出强度 煤岩 /t	突出强度 瓦斯 /m³	类型	断层描述 编号	断层描述 走向	断层描述 性质	最大主应力 大小 /Pa	最大主应力 方位角 /(°)	断层走向与最大主应力夹角 /(°)	备注
1	1975.05.23	益新矿	三水平暗井区胶带运输巷四石门	22	6.32	-75	366	408	6 726	中	F₇₆	N17°W	正	19~21.7	89.3	73.7	弧形转变处
2	1978.04.15		三水平暗井六层一段	30	8	-96	387	350	7 325	中	F₃₂	N10°E	正	19~21.7	89.3	79.3	处于断层附近破碎带内和工业广场集中带
3	1980.01.09		三水平暗井六层二段	30	8	-143	434	183	7 467	中	F₈₅	N4°E	正	19~21.7	89.3	85.3	处于断层附近破碎带内和工业广场集中带
4	1983.04.05		大五层剃头区总机道七川	30	8	-79	372	228	1 521	中	F₁₈	N18°E	正	19~21.7	89.3	72.3	F₅₁ 和 F₆₇ 的复合部位
5	1996.01.17		三水平零石门 C 区 29 号层四段溜煤川	29	4	-195.2	505	196	338	中	F₁₃ / F₁₁₃	N29°W / NE54°	正	19~21.7	89.3	617 / 35.5	F₁₃ 和 F₁₁₃ 的复合部位
6	2001.01.02		二水平楼下区 18 号层探煤巷	18	13	-11	311	120	1 640	中	F₁₃₉ / F₁₃	N26°W / N26°W	正 / 正	19~21.7	107.3	46.7 / 46.7	构造及复合部位，且 F₃ 尖灭端

表3-4(续)

序号	时间	矿别	位置	煤层	煤厚/m	标高/m	埋深/m	突出强度 煤岩/t	突出强度 瓦斯/m³	突出强度 类型	断层描述 编号	断层描述 走向	断层描述 性质	最大主应力 大小/Pa	最大主应力 方位角/(°)	断层走向与最大主应力夹角/(°)	备注
7	2010.04.27	峻德矿	三水平一号中央水仓	30	4.41	-500	—	188	7 584	中	L_{32} F_7 分支	N85°W N5°W 近 SN-NW	正 正 正	22.87~33.4	79~87	8~16 87~88	三个断层复合部位
8	1983.07.18	南山矿	西二区二水平-100 m总机道	18	13.11	-110	430	627	11 830	大	南 14	N41°W	正	23.89~31.81	222.1~228.4	83.1~89.4	断层尖灭端
9	2002.06.01		西二区四号面外块人风上山	18-2	14.68	-122	441	78	1 972	小	南 7 分支 T_9	N69°E N53°W	正 正	23.89~31.81	222.1~228.4	20.6~27 84.9~89.6	两断层的尖灭端
10	2003.12.21		西二区四段里块扯架子道	18-2	7.15	-167	477	145	405	中	T_{47} T_{64}	N5°E SN	正 正	23.89~31.81	222.1~228.4	37.1~43.4 42.1~78.4	T_{47}和T_{64}复合部位,且位于T_{64}尖灭端
11	2003.12.25		西二区四段里块扯架子道	18-2	7.15	-167	477	120	768	中	T_{64} T_{47} T_{64}	N5°E N	正 正	23.89~31.81	222.1~228.4	37.1~43.4 42.1~78.4	

表 3-4（续）

序号	时间	矿别	位置	煤层	煤厚/m	标高/m	埋深/m	突出强度 煤岩/t	突出强度 瓦斯/m³	类型	断层描述 编号	断层描述 走向	断层描述 性质	最大主应力 大小/Pa	最大主应力 方位角/(°)	断层走向与最大主应力夹角/(°)	备注
12	2002.07.23	兴安矿	三水平南四五层一区探断层巷	18	—	-290	536	35	600	小	F_4 F_{13}	N35°E N21°W	正 正	30.10~32.72	113.07	78.07 47	F_{13} 和 F_4 的构造复合部位，F_4 的转弯处
13	2002.08.18		三水平南四五层一区三段	17	—	-290	536	10	800	小	F_4 F_{13}	N31°E N13°W	正 正	30.10~32.72	113.07	82 54	F_4 和 F_{13} 的复合部位
14	2004.09.11		四水平中部一段运输石门	17	—	-495	741	56	3 994	小	F_5 F_4	N42°W N31°E	正 正	30.10~32.72	113.07	25 82	F_4 和 F_5 的复合部位
15	2002.11.25		四水平中部一段机巷石门	22	5.48	-384	630	15	1 835	小	F_4	N30°E	正	30.10~32.72	113.07	83	弧形转弯处
16	2009.11.21	兴山矿	三水平南二石门后组一五层探煤巷	15	3.18	-201	—	3 098	170 000	特大		N48°W 近 SN	正 正	17.9~21.6	97.5~ 116.5	84.1~89.9 42.1~48.4	构造复合部位，岩浆侵入

注："—"代表无数据。

由表 3-4 可以看出：

① 正断层附近也能发生瓦斯动力现象,突出危险程度与断层走向和最大主应力的夹角、构造煤厚度及构造复杂程度有关,鹤岗矿区 16 次突出都发生在正断层附近。

② 16 次瓦斯突出中有 12 次发生在断层走向与最大主应力夹角大于 70°时,其中特大型突出、大型突出各 1 次,中型突出 5 次。

③ 断层尖灭端、构造复合部位、弧形转弯处(无论构造走向与最大主应力夹角大小)都具有突出危险性,鹤岗矿区几乎所有的突出都此相关。南山矿发生的大型突出,位于南 14 断层的尖灭端,且南 14 断层走向与最大主应力夹角为 73.7°。

④ 岩浆侵入造成局部应力分布不均,瓦斯突出危险性和突出的强度大。兴山矿发生 3 098 t/次的特大型瓦斯突出位于 N48°W 正断层(与最大主应力夹角 84°～89.9°)和近南北向正断层的构造复合部位,且附近有岩浆侵入。

（3）鸡西矿区地应力对瓦斯突出的控制作用

中国矿业大学(北京)在鸡西矿区平岗矿和东海矿进行了地应力测试,结果见表 3-5。

表 3-5　鸡西矿区地应力测试结果汇总表

钻孔位置	深度/m	主应力				垂向应力 / MPa
		应力	大小/MPa	方位角/(°)	倾角/(°)	
平岗矿下延采区绞车道	998	σ_1	37.73	256.58	−5.72	25.92
		σ_2	20.32	−48.38	80.09	
		σ_3	15.77	167.39	8.06	
平岗矿东二采区下山风道	712	σ_1	27.01	257.91	1.02	17.8
		σ_2	14.38	−10.14	62.26	
		σ_3	11.96	167.37	27.72	
平岗矿中部层采区石门	723	σ_1	27.52	259.85	4.81	19.2
		σ_2	13.17	−14.43	−41.64	
		σ_3	12.13	175.21	−47.96	
东海矿左六高抽巷(34上)	806	σ_1	27.18	254.41	−10.73	20.7
		σ_2	11.50	−26.41	44.73	
		σ_3	11.11	174.68	43.28	

表 3-5(续)

钻孔位置	深度/m	主应力				垂向应力 /MPa
		应力	大小/MPa	方位角/(°)	倾角/(°)	
东海矿 35 绞车道	945	σ_1	33.64	237.18	−6.58	23.8
		σ_2	17.80	−1.85	−77.36	
		σ_3	14.15	145.92	−10.74	
东海矿 35 四段联络巷	947	σ_1	34.03	260.87	−7.5	24.5
		σ_2	17.64	20.47	−75.1	
		σ_3	13.95	169.15	−12.8	

由表 3-5 可以看出,矿区最大水平主应力为北东东-南西西向。矿区共发生了 102 次煤与瓦斯突出,其中 7 次中型突出,其余为小型突出,主要发生在滴道矿。没有测定地应力的矿井的最大主应力采用邻近矿井的测定结果,最大主应力与突出的关系见表 3-6。

滴道矿位于平麻逆断层的下盘,构造应力强烈,构造煤发育;整个井田位于北北西向小通沟 F_1 正断层和北北东向 F_{51} 正断层的下降盘(滴道拗陷区),使煤层上覆有效地层厚度增加,有利于瓦斯保存;加之受岩浆侵入影响,煤的变质程度增高,同时可能造成局部应力集中;共发生了 7 次中型突出、95 次小型突出。

由表 3-6 可以看出:

① 正断层附近也能发生瓦斯动力现象,突出危险程度与断层走向和最大主应力的夹角及构造复杂程度有关。

② 102 次突出中有 49 次发生在断层走向与最大主应力夹角大于 70° 时,其中 2 次为中型突出;有 63 次发生在断层走向与最大主应力夹角大于 60° 时,其中 3 次为中型突出。

③ 构造复合部位突出危险性增大,有 60 次突出(其中 6 次中型突出)都发生在构造复合部位。

④ 逆断层附近即使断层走向与最大主应力夹角较小时,也具有突出危险性,共发生 19 次小型突出。

(4)七台河矿区地应力对瓦斯突出的控制作用

中国矿业大学(北京)在桃山矿和新兴矿进行了地应力测试,结果见表 3-7。由表 3-7 可以看出,矿区最大水平主应力为北西、北北西向。矿区共发生了 9 次瓦斯突出,其中 8 次发生在新兴矿(其中 2 次中型突出),1 次发生在桃山矿。瓦斯突出点的最大主应力采用其附近地应力测试结果,最大主应力与瓦斯突出的关系见表 3-8。

表3-6 鸡西矿区瓦斯突出与主应力关系统计表

序号	矿名	时间	煤层	煤厚/m	构造煤厚度/m	标高/m	埋深/m	突出强度 煤岩/t	突出强度 瓦斯/m³	类型	断层编号	断层走向/(°)	断层性质	主应力 最大值/MPa	主应力 方位角/(°)	断层走向与最大主应力夹角/(°)	备注
1	新发矿	2012.07.30	36A	1.47	0.3	−90	282	40	—	小	F$_5$	N	正	27.18~34.03	254.41~260.87	74.41~80.87	F$_5$ 下盘、F$_7$ 下盘
2	滴道矿	1979.08.02	18	0.49	0.30	−163	452	5	147	小	F$_7$	340°	正	27.18~34.04	254.41~260.87	79.13~85.59	
3		1979.08.13				−163	468	15	960	小							
4		1979.08.22				−247	480	3.2	450	小							
5		1979.08.30				—	478	3	660	小	F$_3$	320°	正	27.18~34.03	254.41~260.87	76.36~82.82	F$_3$ 下盘附近
6		1979.09.03				—	485	18	1 500	小							
7		1979.09.06				—	492	12	2 450	小							
8		1979.09.08				—	500	32	600	小							
9		1979.09.15				—	508	4	1 200	小							
10		1983.12.10				—	600	7	2 640	小							
11		1983.10.14				—	602	60	1 370	小	F$_3$	320°	正	27.18~34.03	254.41~260.87	76.36~82.82	
12		1997.03.04				−475	645	3	50	小							
13		1997.04.02				−473	650	18	90	小							
14		1997.06.12				−475	665	50	300	小							
15		1997.10.20				−478	670	97	600	小							
16		2007.08.21		1.35	0.40	−473	748	2		小	F$_{39}$	333°	正	27.18~34.03	254.41~260.87	84.18~89.36	F$_3$、F$_{39}$ 断层构造复合带
17		2007.08.22				−473	702	2		小							
18		2008.04.08				−335.6		50	320	小							

表 3-6(续)

序号	矿名	时间	煤层	煤厚/m	构造煤厚度/m	标高	埋深/m	突出强度 煤/t	突出强度 瓦斯/m³	类型	断层描述 编号	断层描述 走向	断层描述 性质	主应力/MPa 最大	主应力/MPa 方位角/(°)	断层走向与最大主应力夹角/(°)	备注
19		1979.06.26				—	450	4	120								
20		1979.06.27				—	465	3	70								
21		1979.08.01		0.49	0.30	−241	468	4	750								
22		1979.07.12				−290	475	5	400								
23		1979.07.21	18			−290	482	20	500	小							
24		1979.08.01				−241	490	4	750		F_3	320°	正	27.18~34.03	254.41~260.87	76.36~82.82	F_3 下盘附近
25		1981.01.12				—	512	25	1 440								
26		1981.01.01		0.60	0.35	—	525	20	1 400								
27	滴道矿	1978.08.01				—	548	45	4 700								
28		1983.12.10				−325	592	7	2 600								
29		1978.06.08				—	540	40	1 400								
30		1983.10.14				−325	580	60	1 400								
31		1990.03.03				−425	645	2	100		F_3	320°	正	27.18~34.03	254.41~260.87	76.36~82.82	F_3 断层向深部延伸拐角处
32		1982.02.03		0.42	0.34	−300	500	56.6			F_3 F_6 F_7	320° 340° 354°	正 正 正	27.18~34.04	254.41~260.87	76.36~82.82 79.13~85.59 80.41~86.87	F_3、F_6、F_7构造复合带
33		1989.12.07				−555	652	11	200		F_3 F_7	320° 354°	正 正	27.18~34.03	254.41~260.87	76.36~82.82 80.41~86.87	F_3、F_7构造复合带

表 3-6(续)

序号	矿名	时间	煤层	煤厚/m	构造煤厚度/m	标高	埋深/m	突出强度 煤岩/t	突出强度 瓦斯/m³	断层描述 类型	断层描述 编号	断层描述 走向	断层描述 性质	主应力/MPa 最大	主应力/MPa 方位角/(°)	断层走向与最大主应力夹角/(°)	备注
34	滴道矿	1966.02.04	28		0.5	−190	405	13.5		小	F₃₆	NE64°	逆	27.18~34.03	254.41~260.87	16.8~24.05	标号 34～49 点位于 F₃₆ 断层的上盘附近，50-51 位于 F₃₆ 断层下盘附近
35		1966.02.18				−190	408	14									
36		1966.02.09				−189.8	402	10	250								
37		1966.02.11				−189.7	405	15	320								
38		1966.02.16				−189.4	407	5.2	250								
39		1966.02.26				−189	402	5.2	300								
40		1966.02.27				−189	401	6.5	350								
41		1966.03.05				−188.8	400	10.4	450								
42		1966.03.15				−188.6	400	3.5	320								
43		1966.03.16				−188.6	398	4	400								
44		1966.03.19				−188.5	398	4	400								
45		1966.06.03				−188	399	3	250								
46		1966.06.03				−188	397	7.8	500								
47		1966.04.02				−187	399	30	2 200								
48		1966.02.11				−196	396	15	320								
49		1966.02.11				−196	397	15	320								
50		1968.06.13				—	475	12	—								
51		1974.08.16				—	543	10	—								

表 3-6（续）

序号	矿名	时间	煤层	煤厚/m	构造煤厚度/m	标高	埋深/m	煤/t	瓦斯/m³	类型	编号	走向	性质	主应力 最大/MPa	主应力 方位角/(°)	断层走向与最大主应力夹角/(°)	备注
52	滴道矿	1975.02.13	28	—	0.5	—	554	46	—	小							
53		1975.02.16				—	556	45	—		F4	307°	浅部正深部逆	27.18~34.03	254.41~260.87	63.36~69.82	标号52-58向斜轴利断层上端和断层 F55、F4、F36公用下盘构造复合区域
54		1975.03.07				—	562	25	—		F36	NE64°	逆	27.18~34.03	254.41~260.87	16.8~24.05	
55		1975.03.10				—	564	31.5	—								
56		1975.03.16		2.96	0.64	—	560	30	—		F55	347°	正	27.18~34.03	254.41~260.87	86.13~87.41	
57		1975.04.10				—	420	30	—								
58		1975.05.22				—	425	7	—		向斜	轴向 NE51		27.18~34.03	254.41~260.87	23.41~29.87	
59		1992.08.30		1.72	0.95	—	645	40	1 000	中	F36	NE61°	逆	27.18~34.03	254.41~260.87	16.8~24.05	标号59位于断层 F36上
60		1994.03.18				—	708	410	3 800		F4	307°	浅部正深部逆	27.18~34.04	254.41~260.87	63.36~69.82	标号60~61位于 F7、F4的构造复合带
61		1993.06.14				−525	720	379	41 400		F36	NE61°	逆	27.18~34.03	254.41~260.87	16.8~24.05	
62		1996.06.27				—	796	20	30	小	F4	307°	浅部正深部逆	27.18~34.03	254.41~260.87	63.36~69.82	标号62~64处于断层 F4的尖灭端
63		1995.05.11				—	799	7	240								

表3-6(续)

序号	矿名	时间	煤层	煤厚/m	构造煤厚度/m	标高	埋深/m	突出强度 煤岩/t	突出强度 瓦斯/m³	类型	断层描述 编号	断层描述 走向	断层描述 性质	主应力 最大/MPa	主应力 方位角/(°)	断层走向与最大主应力夹角/(°)	备注
64	滴道矿	1982.01.14	28	1.72	0.95	—	650	10	—								标号65~100位于斜轴部上端和断层F₅₅下盘，F₄上盘，F₃₆下盘构造复合区域
65		1982.06.28				—	698	60	—	小							
66		1982.08.26				—	700	75	—								
67		1994.02.23				—	695	214	—								
68		1993.11.23				—	700	273	—	中	向斜	轴向 NE51°		27.18~34.03	254.41~260.87	23.41~29.87	
69		1993.10.15				—	775	140	—								
70		1983.10.26				—	708	40	—								
71		1983.10.19				—	720	30	—	小							
72		1982.02.03		2.96	0.64	−254	548	56.6	—								
73		1979.08.05				—	538	10	—								
74		1979.08.27				−326	535	32	—								
75		1979.07.05				−340	525	12	1 400		F₄	307°	正逆 浅部正，部逆	27.18~34.03	254.41~260.87	63.36~69.82	
76		1979.06.27				−345	520	20	1 300								
77		1979.06.22				−349	518	30	1 900								
78		1983.09.25				—	545	20	—								
79		1979.07.29				−328	550	20	—								
80		1979.07.25				−330	562	25	270								
81		1979.07.20				−331	575	12	—								
82		1979.07.13				−335	580	12	—								
83		1979.07.07				−338	598	15	—		F₃₆	NE61°	逆	27.18~34.03	254.41~260.87	16.8~24.05	
84		1979.07.05				−254	605	25	—								

表 3-6(续)

序号	矿名	时间	煤层	煤厚/m	构造煤厚度/m	标高/m	埋深/m	突出强度			断层描述			主应力/MPa		断层走向与最大主应力夹角/(°)	备注
								煤岩/t	瓦斯/m³	类型	编号	走向	性质	最大	方位角/(°)		
85	滴道矿	1979.06.19	28	2.96	0.64	−354	540	15	1 500	小							
86		1979.06.12				−350	545	15		小							
87		1979.06.11				−358	550	15		小	F₃₆	NE61°	逆	27.18~34.03	254.41~260.87	16.8~24.05	标号 65~100 位于该向斜轴部上端
88		1979.06.10				−360	558	20	4 300	小							
89		1979.06.09				−370	575	12	1 200	小							
90		1979.06.08				−380	580	15	3 000	小							
91		1979.06.06				−388	590	15	1 300	小							
92		1979.06.06				−390	600	3	1 200	小	F₅₅	347°	正	27.18~34.03	254.41~260.87	86.13~87.41	断层 F₅₅ 下盘、F₄ 上盘、F₃₆ 下盘构造复合区域
93		1979.06.02				−392.8	586	10	1 300	小							
94		1979.06.01				−392	582	12	1 800	小							
95		1979.07.30				−328	620	20		小							
96		1983.09.22				—	632	30	—	小							
97		1983.09.20				—	648	40	—	小							
98		1983.09.18				—	652	30	—	小							
99		1983.09.15				—	680	40	—	小							
100		1983.01.07				—	695	12	—	小							
101	平岗矿	2010.06.13	14	1.6	0.98	−288	814	200	2 000	中	F₃₄	NW21°	正	27.01~37.72	256.58~259.83	79.17~82.42	位于 F风15 下盘，且处于 F₃₄ 断层尖灭端
											F风15	NE42°	正	27.01~37.73	256.58~259.84	34.58~37.85	
102	梨树矿	2012.02.01	14	—	—	−316	602	300	4230	中	DF3	173°(NW7°)	正	27.01~37.73	256.58~259.85	83.58~86.85	

表 3-7　七台河矿区地应力测试结果汇总表

钻孔位置	深度/m	主应力				垂向应力 /MPa
		应力	大小/ MPa	方位角/(°)	倾角/(°)	
桃山矿一采区四片前石门及机道通路	827.74	σ_1	28.68	144.00	2.40	20.69
		σ_2	14.30	56.36	−44.43	
		σ_3	14.19	231.56	−45.44	
桃山矿一采区四片前石门及机道通路	827.27	σ_1	31.24	150.41	3.38	20.68
		σ_2	15.66	63.51	−42.50	
		σ_3	15.53	236.75	−47.27	
新兴矿−600 m 西六区主运巷	807.4	σ_1	28.54	172	1.65	20.19
		σ_2	14.19	84.15	−37.39	
		σ_3	13.93	260.74	−52.56	
新兴矿−600 m 五采区三水平变电所	780	σ_1	26.81	154.57	7.67	19.5
		σ_2	13.56	44.91	68.19	
		σ_3	12.32	247.42	20.29	
		σ_1	27.09	160.82	1.70	19.5
		σ_2	13.51	72.22	−39.49	
		σ_3	13.30	248.76	−50.47	

由表 3-8 可以看出：

① 在现代构造应力场作用下正断层附近也可能发生煤与瓦斯突出，新兴矿有 5 次突出发生在正断层附近。

② 虽然附近发生瓦斯突出的断层走向与最大主应力夹角较小（一般小于 60°），如果处于构造复合处，具有突出危险性；如果位于断层尖灭端，突出危险性更大。有 5 次小型突出和 1 次中型突出都发生在断层尖灭端，中型突出同时也处于构造复合处，另外 1 次中型突出发生在正断层和逆断层的公共下盘。

③ 断层走向与最大主应力夹角大于 70°时，断层附近应力集中，易发生瓦斯突出，桃山矿和新兴矿各发生过 1 次瓦斯突出。

表 3-8   七台河矿区瓦斯突出与主应力关系统计表

序号	时间	矿别	位置	煤层	煤厚/m	标高/m	埋深/m	突出强度			断层描述			最大主应力		断层走向与最大主应力夹角/(°)	备注
								煤岩/t	瓦斯/m³	类型	编号	走向	性质	值/MPa	方位角/(°)		
1	1992.11.06	新兴矿	三采区左六片	47#	0.95	-160	380	10	1 200	小	F$_{41}$	N	正	26.81 ~ 28.54	154.57 ~ 172.89	7.11~25.43	F$_{41}$断层尖灭端
2	1992.11.24		三采区左六片半煤岩巷	47#	0.95	-160	380	40	3 000	小	F$_{41}$	N	正			7.11~25.43	
3	2001.01.14		五采区右四片	68#	0.84	-288	508	10	1 000	小	F$_{27}$	N42°E	逆			49.11~67.43	F$_8$断层尖灭端同时位于F$_b$下盘
											F$_b$	N52°W	正			26.57~44.89	
											F$_8$	N62°W	正			36.57~54.89	
4	2001.02.21		五采区右四片	68#	0.84	-288	508	20	1 500	小	F$_b$	N52°W	正			26.57~44.89	
											F$_8$	N62°W	正			36.57~54.89	
5	2001.03.22		五采区右四片	68#	0.84	-288	508	146	3 060	中	F$_b$	N52°W	正			26.57~44.89	
											F$_8$	N62°W	正			36.57~54.89	
6	2005.09.24		五采区右四片	65#	1.11	-289	-500	10	1 000	小	F$_b$	N52°W	正			26.57~44.89	
											F$_8$	N62°W	正			36.57~54.89	
7	2000.12.19		八采区左三片	48#	1.2	-160	-380	10	900	小	F$_{27}$	N23°W	逆			77.57~84.11	F$_{01}$断层尖灭端
											F$_{01}$	N23°W	正			2.43~15.89	
8	2011.09.15	桃山矿	三采区三水平三片石门	68#	1.4	-512	700	329	3 500	中	F$_3$	N46°W	逆	28.68 ~ 31.24	139.23 ~ 150.41	20.57~38.89	F$_3$断层浅部为正断层,深部为逆断层,逆断层F$_3$和F$_{40}$有公共下盘
											F$_{40}$	N22°W	正			3.43~14.89	
9	2011.09.15		左三片半煤岩巷	93#	0.93	-626	830	10	1 200	小	F$_6$	N53°E	逆			82.59~86.23	

3.2 现代应力作用下褶皱构造对瓦斯赋存的影响

3.2.1 平煤十矿瓦斯突出分布规律

统计了平煤十矿戊煤层发生的 18 次突出,见表 3-9 和图 3-7;已$_{15、16}$煤层发生的突出 8 次见表 3-10 和图 3-8。

表 3-9　平煤十矿戊$_{9、10}$煤层煤与瓦斯突出统计表

编号	突出时间	突出地点	标高/m	垂深/m	突出强度		突出点特征等	突出类型
					煤/t	瓦斯/m³		
1	1988.04.22	戊$_{9、10}$-20090 机巷	−247	420	55	1 500	1.3 m 逆断层	压出
2	1988.10.07	−320 m 东区出煤巷	−290	485	54	1 176	2.6 m 正断层	压出
3	1990.05.20	戊$_{9、10}$-20080 机巷	−320	515	15	600	0.4 m 正断层	压出
4	1990.09.12	东区戊组轨道上山	−295.5	481.2	32	300	0.2 m 层间褶皱	压出
5	1994.11.29	戊$_{9、10}$-21130 风巷	−292	476.7	9	125	无断层	压出
6	1996.11.23	戊$_{9、10}$-20150 机巷	−426	730	20	3 024	1.1 m 断层	压出
7	1997.03.19	戊$_{9、10}$-20150 机切	−420	724	28	720	两条小断层复合	压出
8	1999.08.02	戊$_{9、10}$-20150 机巷	−388	568	25	2 329	无断层	压出
9	2000.06.24	戊$_{9、10}$-20150 机巷	−360	548	76	7 682	无断层	压出
10	2000.08.22	戊$_{9、10}$-20150 机巷	−357	545	34	4 245	无断层	压出
11	2000.09.24	戊$_{9、10}$-20150 机巷	−356	544	50	6 438	无断层	压出
12	2000.10.16	戊$_{10}$-20120 机巷	−473	687	15	2 100	无断层	压出
13	2000.12.24	戊$_{9、10}$-20150 采面	−328	496	6	1 170	无断层	压出
14	2002.02.10	戊$_{10}$-20120 专用回风巷	−384	590	19	1 650	1.4 m 正断层	压出
15	2002.03.21	戊$_{10}$-20120 专用回风巷	−360	570	14	1 026	1.3 m 逆断层	倾出
16	2002.06.21	戊$_{9、10}$-21170 机巷	−445	660	18	1 520	无断层	压出
17	2002.12.17	戊$_{9、10}$-21170 机巷	−421	644	27	1 480	无断层	压出
18	2003.04.29	戊$_{9、10}$-21170 机巷	−446	670	18	2 000	无断层	压出

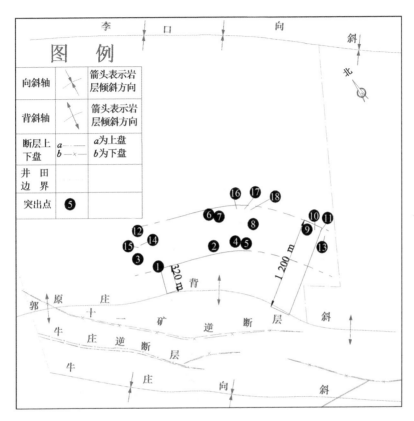

图 3-7　十矿戊$_{9、10}$煤层突出分布示意图(Jia et al.,2018)

表 3-10　平煤十矿己$_{15、16}$煤层煤与瓦斯突出统计表

编号	突出时间	突出地点	标高/m	垂深/m	突出强度		突出点特征等	突出类型
					煤/t	瓦斯/m³		
1	2001.01.23	己$_{15}$-24020 出煤巷	−541	735	326	18 816	附近有断层	突出
2	2002.11.18	己$_{15、16}$-24090 风巷	−578	804	170	11 000	附近有断层	压出
3	2003.01.17	己$_{15、16}$-24090 机巷	−613	913	200	3 000	无断层	压出
4	2003.07.28	己$_{15}$-24060 机巷	−567	767	483	14 400	倾角大,煤变软	突出
5	2003.08.10	己$_{15}$-22230 风巷	−416	536	240	5 500	无断层	突出
6	2006.03.30	己$_{15、16}$-24080 机巷	−621	896	159	4 878	构造煤厚	突出
7	2007.03.03	己$_{15、16}$-24110 切眼	−650	937	385	21 760	煤变厚处	突出
8	2007.11.12	己$_{15、16}$-24110 采面	−650	937	2 000	40 000	单斜厚煤处	突出

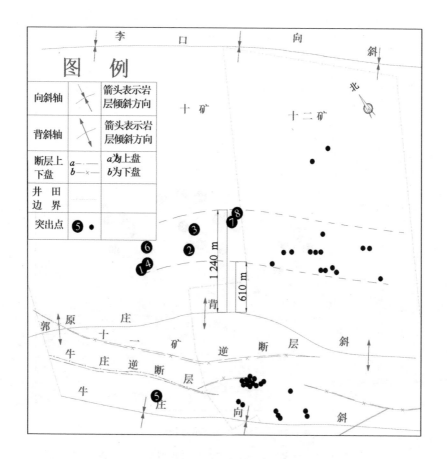

图 3-8 十矿、十二矿己$_{15、16}$煤层突出分布示意图(Jia et al.,2018)

由表 3-9、表 3-10 和图 3-7、图 3-8 可以看出:突出点主要分布在郭庄背斜与李口向斜共翼区,戊$_{9、10}$煤层 18 次瓦斯突出全部在距郭庄背斜 320～1 200 m范围内,己$_{15、16}$煤层 8 次瓦斯突出中有 7 次在距郭庄背斜 610～1 240 m范围内。

3.2.2 瓦斯突出的瓦斯地质条件

(1) 构造对瓦斯赋存的影响

根据十矿瓦斯地质特征,将整个井田划分为牛庄向斜南翼区、牛庄向斜与郭庄背斜共翼区、郭庄背斜与李口向斜共翼区 3 个瓦斯地质单元(图 3-7 和图 3-8)。

① 牛庄向斜南翼区：该单元戊组煤层位于井田浅部，瓦斯得以大量释放，未发生过煤与瓦斯突出；但己组煤层靠近向斜轴部，开采时瓦斯涌出量大，如己$_{15}$-22240 相对瓦斯涌出量 15.8～22.97 m³/t，具有煤与瓦斯突出危险性。

② 牛庄向斜与郭庄背斜共翼区：该单元受背斜、向斜和逆断层综合作用，构造应力集中，构造煤发育，如在戊五采区构造煤厚一般都在 2 m 以上。戊$_{9,10}$一般位于埋深 400 m 以浅，瓦斯大量逸散，开采时瓦斯涌出量相对较小，未发生瓦斯突出；但己组煤层由于埋藏加深，瓦斯易于保存，瓦斯压力较大（最大达 2.07 MPa），构造煤发育，在靠近 2 个逆断层附近和向斜轴部的深部煤层具有煤与瓦斯突出危险性，该区已发生煤与瓦斯突出 1 次。2 个逆断层的尖灭端应力集中，十二矿己$_{15}$煤层在此区域多次发生瓦斯突出事故（图 3-8）。

③ 郭庄背斜与李口向斜共翼区：该单元煤层倾角由背斜轴部 5°向北翼增大至 20°，说明该背斜构造作用强烈。背斜轴部埋藏较浅，加之拉张裂隙发育，瓦斯大量逸散，煤层瓦斯含量和瓦斯涌出量较小；随距背斜轴部距离的增大，瓦斯含量、瓦斯涌出量逐渐增大，如戊$_{9,10}$-17020 工作面（见图 3-9，负代表背斜北翼，正代表背斜南翼）。己组瓦斯含量高达 27.2 m³/t，瓦斯压力达 2.95 MPa；戊组瓦斯含量高达 18.92 m³/t，瓦斯压力达 1.89 MPa。该区属于瓦斯突出严重区。

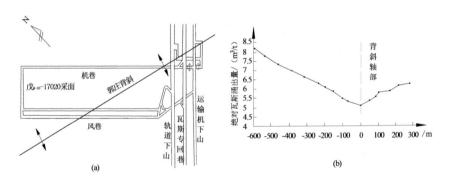

图 3-9　戊$_{9,10}$-17020 工作面瓦斯涌出量

（2）煤厚变化对瓦斯赋存的影响

在褶皱形成过程中，由于岩层力学性质的差异，坚硬岩层以弯滑作用为主，弱岩层以弯流作用为主，在强、弱岩层间形成层间滑动，层间强烈的剪切引起顶底板强岩层的拱曲虚脱，迫使煤层发生流变，由"高压区"向"低压区"流动（图 3-10），发生塑性变形，造成煤层局部厚度的变化（图 3-11）。

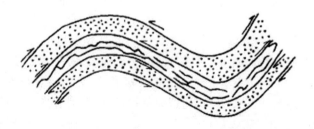

图 3-10　褶皱形成中的煤层流变示意图(郭德勇等,1996)

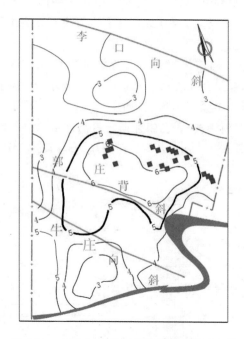

图 3-11　十矿戊$_{9,10}$煤层总煤厚等值线示意图

从图 3-11 中可以看出:郭庄背斜附近尤其是郭庄背斜北翼戊$_{9,10}$煤层厚度明显比其他区域煤层厚,粗线标示的区域内为煤厚较大的区域,由此往北煤层变薄。图 3-11 中方形点代表突出发生的位置,戊组发生的瓦斯突出全部集中在煤厚较大的区域。

(3)构造煤厚度对瓦斯赋存的影响

在褶皱形成过程中,由于层间剪切及夹矸造成的局部应力集中,首先发生煤体破坏,在煤层中形成顺煤层断层,伴随顺煤层断层的错动形成厚度稳定呈层状发育的构造煤。受李口向斜、郭庄背斜和牛庄向斜等影响,矿区东部的十矿己$_{15}$煤层和戊$_{9、10}$煤层中构造煤呈层状发育,厚度在 1.0 m 左右,局部全层发育,一般煤厚增大构造煤厚度也增大。调查发现,戊$_{9、10}$煤层发生突出点构造煤厚度在 1.57 m 以上,己组突出点构造煤厚度在 1.0 m 以上。浅部巷道观测的构造煤厚度和测井曲线构造煤解译结果见表 3-11。由表 3-11 可以看出,郭庄背斜两翼构造煤厚度较大,深部李口向斜构造煤厚度减小。

表 3-11　十矿戊组和己组煤层构造煤厚度

煤层	郭庄背斜南西翼/m	郭庄背斜北东翼/m	李口向斜附近
戊组	1.35～2.5	1.05～2.3	0.1～0.34
己组	1.30～2.8	1.0～4.1	0.14～0.55

综上所述,十矿瓦斯突出集中带位于郭庄背斜与李口向斜共翼区,构造作用强烈,煤层厚度大,构造煤发育,煤层瓦斯含量和瓦斯压力高。

3.2.3　现代应力作用下褶皱应力分布规律及对瓦斯突出的影响

3.2.3.1　主应力分布规律

（1）数值模型建立

根据平煤十矿己组煤层埋深（图 3-12）,考虑主要断层后,利用 ANSYS 软件建立十矿实体模型（图 3-13）。选择 solid45 单元划分网格,共划分网格99 446个（图 3-14）。模型中围岩、煤层和断裂带力学参数见表 3-12。

表 3-12　褶皱应力分布模型中力学参数设置表

岩石类型	弹性模量/GPa	泊松比	密度/(g/cm³)
围岩	4.5	0.2	2.8
煤层	1.5	0.3	1.38
断层	1.3	0.25	2.0

根据十矿己组煤层地应力数据调整边界应力的加载,当测试点应力模拟与实际测试数据基本吻合时,认为此时的边界条件与实际地质情况相符。多次调整后,在模型东西向 40 MPa、南北向 25 MPa 挤压应力加载,垂向应力由岩石自重产生时,最大主应力模拟结果（图 3-15）显示分布在 37～41.4 MPa,与实测己组最大主应力 33.46～48.25 MPa 基本相符,因此认为模拟得到的结果基本可信。

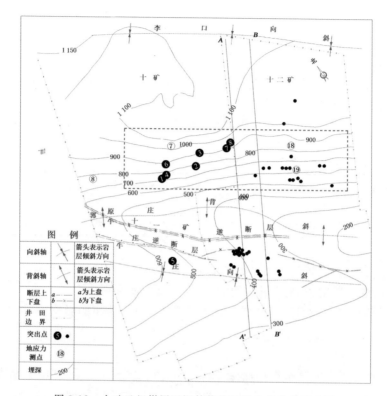

图 3-12　十矿己组煤层埋深等值线及突出点分布示意图

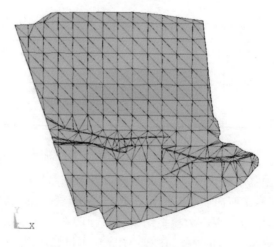

图 3-13　平煤十矿褶皱实体模型

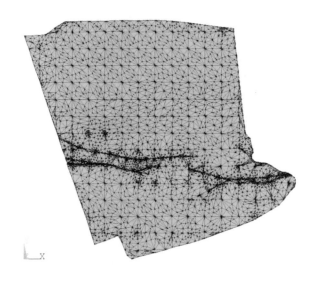

图 3-14 褶皱模型单元网格划分

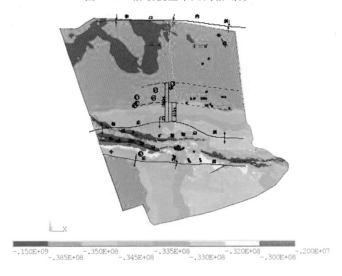

图 3-15 十矿最大主应力分布云图(单位：MPa)

（2）模拟结果分析

为便于分析最大主应力、中间主应力和最小主应力对瓦斯突出的影响，把图 3-8 叠加到模拟结果上，见图 3-15～图 3-17。

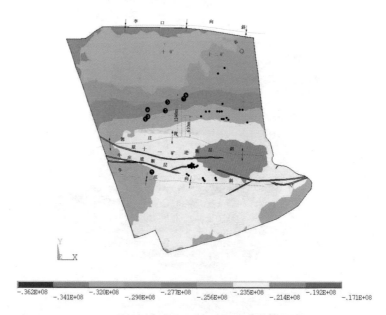

-.362E+08   -.320E+08   -.277E+08   -.235E+08   -.192E+08
          -.341E+08   -.298E+08   -.256E+08   -.214E+08   -.171E+08

图 3-16 十矿中间主应力分布云图(单位：MPa)

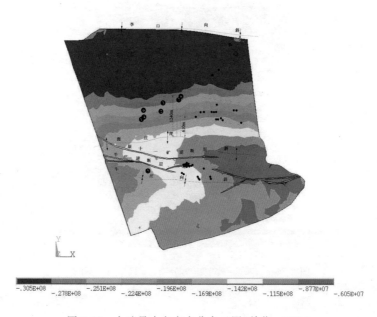

-.305E+08   -.251E+08   -.196E+08   -.142E+08   -.877E+07
          -.278E+08   -.224E+08   -.169E+08   -.115E+08   -.605E+07

图 3-17 十矿最小主应力分布云图(单位：MPa)

由图 3-15～图 3-17 可以看出:最大主应力、中间主应力和最小主应力都为压应力,且受地质条件影响明显。背斜轴部应力相对较小,最大主应力一般分布在 32～34.5 MPa 之间,中间主应力一般在 19～23 MPa 之间,最小主应力小于 14.2 MPa;靠近向斜轴部,应力数值明显增大,最大主应力大于 38 MPa,中间主应力大于 29.8 MPa,而最小主应力大于 27.8 MPa。在瓦斯突出集中带最大主应力、中间主应力和最小主应力及其梯度都没有明显的变化,因此认为主应力不是控制该区突出严重的主要原因。但是在郭庄背斜南翼靠近断层附近,应力出现集中,最大主应力一般大于 38 MPa,十二矿在断层尖灭端区域曾发生多次瓦斯突出(图 3-8 和图 3-15)。

3.2.3.2 剪应力分布规律

实际地质模型中,煤层与围岩常以互层形式出现,由于煤层和围岩力学参数相差较大,在现代应力场作用下,层间变形不同步,造成剪应力在背斜两翼一定范围内集中,可能是造成该带瓦斯突出严重的主要原因。

(1) 数值模型建立

以平煤十矿和十二矿中部狭长条带为对象(图 3-12 中 $AA'B'B$ 圈定的部分),以己组煤层埋深为依据,在不考虑断层的情况下,建立煤层与围岩互层的理想化模型(图 3-18),其中煤层与围岩单层厚度增至 40 m,煤层和围岩力学参数及边界应力加载与主应力模拟设置一样,模拟互层条件下的应力分布状态。

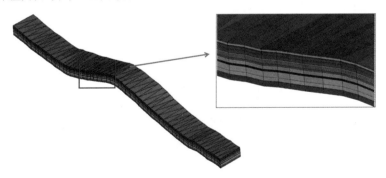

图 3-18　煤层与围岩互层模型

(2) 模拟结果分析

模拟结果见图 3-19 和图 3-20,从图上可以看出:剪应力分布明显受褶皱形态控制,背斜两翼的剪应力明显大于其轴部的剪应力,且北翼相比南翼剪应力偏大。两翼剪应力旋向相反,煤层与围岩分布趋势相反。

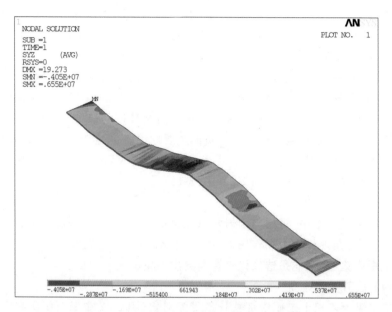

图 3-19　煤层剪应力分布云图(单位：MPa)

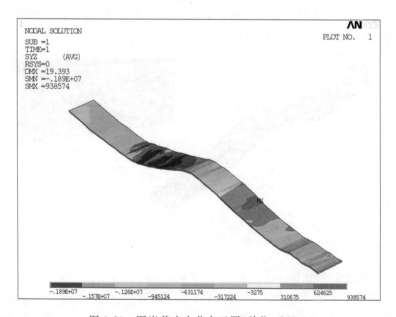

图 3-20　围岩剪应力分布云图(单位：MPa)

图 3-19 中煤层剪应力分布显示:靠近背斜北翼剪应力为左旋,一般大于 4.19 MPa;背斜南翼剪应力为右旋,应力数值大于 1.69 MPa;靠近背斜轴部存在局部剪应力为 0 的部位,一般应力小于 1 MPa。围岩剪应力分布趋势恰好相反:靠近背斜北翼,剪应力右旋,数值大于 1.5 MPa;南翼剪应力为左旋,数值偏小,一般在 0.3~0.9 MPa 之间。

取煤层剪应力云图(图 3-19)的俯视图叠加到图 3-12 的相应位置得到图 3-21。由图 3-21 可以看出,背斜北翼的剪应力集中带正好与瓦斯突出集中带相吻合,因而剪应力集中是造成该带瓦斯突出的主要原因。

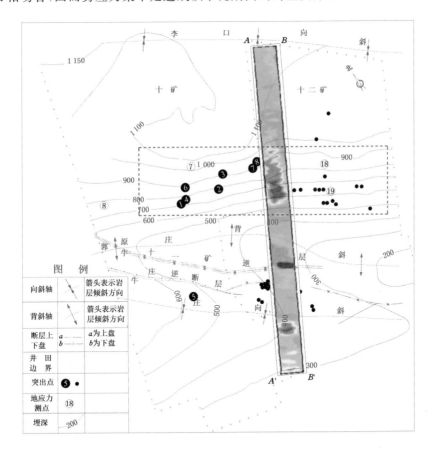

图 3-21　突出点与剪应力分布的关系(Jia et al.,2018)

3.3 本章小结

利用瓦斯赋存构造逐级控制理论的力学解释结果,采用理论分析、数值模拟和现场验证相结合的方法,以不同地质条件下的力学分析为主线,探讨了现代应力作用下断层、褶皱附近应力分布规律及对瓦斯赋存和瓦斯突出的控制作用,具体如下:

(1)结合平顶山、鹤岗、鸡西、七台河等矿区瓦斯突出案例,研究了现代应力作用下断层对瓦斯赋存及瓦斯突出的控制作用:无论是正断层还是逆断层,都可能存在煤与瓦斯突出危险,主要取决于构造演化过程中是否形成一定厚度的构造煤及断层走向与现代构造应力作用方向的关系。断层走向与最大主应力平行时,有利于应力释放,煤层透气性较好,突出危险性小,但断层尖灭端出现应力集中,瓦斯保存条件相对较好,需预防瓦斯事故;随着断层走向与主应力方向夹角的增大,挤压应力影响范围随之增大,突出危险范围也随之增大。断层走向与最大主应力垂直时,有利于断层形成应力闭合空间,煤层渗透性低,从而形成大的瓦斯富集区,突出危险性最大。

(2)结合平顶山矿区典型突出矿井分析了构造应力作用下褶皱构造对瓦斯赋存及瓦斯突出的控制作用:在褶皱形成过程中,由于煤岩力学性质的差异,煤层发生层间滑动,使煤层局部增厚,为瓦斯赋存提供了载体;由于层间剪切及夹矸所造成的局部应力集中,煤体破碎,形成一定厚度的构造煤,局部可能全层发育,降低了抵制瓦斯突出的能力。在现代应力场作用下,由于煤层和围岩力学性质相差较大,层间变形不同步,使背斜两翼一定范围内剪应力集中,增加了煤体的弹性能,是该带瓦斯突出严重的主要原因。

4 华北赋煤区煤系构造变形特征 与瓦斯赋存分区

板块构造演化及其与周缘板块之间的相互作用,制约着含煤盆地形成、变形和赋存,控制着构造煤的形成和分布,控制着煤矿瓦斯的生成、运移和保存,从而控制着瓦斯赋存的分区、分带性。

本章以华北赋煤区为研究对象,运用瓦斯赋存构造逐级控制理论及其力学解释,研究了华北赋煤区区域地质演化特征,分析了华北赋煤区煤系构造变形特征,揭示了华北赋煤区主要煤层构造煤分布特征,阐明了煤矿瓦斯赋存构造逐级控制特征,划分了华北赋煤区煤矿瓦斯赋存区、带,编制了华北赋煤区煤矿瓦斯地质图。

4.1 区域构造演化及控煤特征

华北地区经历了阜平、吕梁和晋宁三个构造旋回,以陆核垂向增厚和侧向增生方式形成最早的陆壳克拉通,之后经历了印支期、燕山期和喜山期三个演化阶段,形成了现今的构造格局。中国含煤岩系构造演化及变形特征见表4-1。

吕梁运动使华北地区褶皱基底全面固结,隆起成陆,形成华北古板块的主要陆壳。内蒙古地轴以北至索伦山-贺根山对接带之间的兴蒙褶皱带被认为是华北古板块的北部大陆边缘,早古生代早期,华北古板块与西伯利亚古板块之间隔着宽达4 000 km的大洋;早古生代中晚期,华北古板块北缘转化为主动大陆边缘(马文璞,1992),洋壳向南俯冲消减,石炭纪时大洋关闭,华北大陆与西伯利亚大陆基本连为一体(任纪舜,1990;任纪舜等,1999;任收麦等,2003)。

早古生代早期,华北古板块南缘为被动大陆边缘,基底向南倾斜,海侵来自南侧古秦岭洋。早古生代中期,古秦岭洋壳开始向北俯冲消减(马文璞,1992),华北古板块南缘转化为安第斯型主动大陆边缘,中奥陶世后华北古板块普遍抬升与此有关。华北古板块与华南古板块初始碰撞始于泥盆纪,于三

表 4-1　中国含煤岩系构造演化与煤系变形特征（据王桂梁等，2007，修）

地质时代、地层单位及代号			构造阶段	构造演化	聚煤作用	煤系变形特征
代	纪	世				
新生代 (K_z)	第四纪 (N)	全新世 (Q_4/Q_h)	喜马拉雅	大陆东部进入滨太平洋动力学控制体系，在西北挤压、东西向拉张作用下，青藏高原隆起；中国东部岩板向西伸展变形，拉张裂陷形成、华北盆地形成，华北中部山西地块展平原化形成，华北中部盆地，连同汾河地堑成汾渭地堑	主要受走滑断裂控制，盆地类型以小型山间凹陷和断陷盆地为主；聚煤作用发生在滨太平洋构造域（东北和华北沿海（E），西部特提斯构造域（滇西地区）（N）	东部含煤盆地负反转、华北掀斜断块局形成、构造反差明显；西部含煤盆地在区域性挤压应力作用下逆-推覆、盆缘变形强烈，向盆内逐渐减弱
		更新世 ($Q_1/Q_2/Q_3/Q_p$)				
	新近纪 (N)	上新世 (N_2)				
		中新世 (N_1)				
	古近纪 (E)	渐新世 (E_3)				
		始新世 (E_2)				
		古新世 (E_1)				
中生代 (M_z)	白垩纪 (K)	晚白垩世 (K_2)	燕山	燕山晚期，亚洲大陆东部裂解、西北进入陆内造山体制；燕山早期，库拉-太平洋板块与欧亚板块的强烈岩浆作用，形成东亚构造岩浆带，中国大陆进入陆内地区造山期后伸展	晚侏罗世-早白垩世，东北-内蒙古东部发育小型断陷含煤盆地群；早-中侏罗世华北盆西聚煤作用广泛发育于华北、鄂尔多斯和四川西部，波状坳陷、东北盆地继承性发育大型坳陷，西区主要为大型伸展背景控制下的大型泛陆盆地性质	东部含煤岩系发生明显构造变形、变形强度由东向西递减。华南以深层滑脱构造下的复杂叠加型滑脱离构造广泛发育为特征；华北受同盆缘活动带分造山控制，形成环推带变形分区；西北于中-中生代煤系开始构造反转
		早白垩世 (K_1)				
	侏罗纪 (J)	晚侏罗世 (J_3)				
		中侏罗世 (J_2)				
		早侏罗世 (J_1)				
	三叠纪 (T)	晚三叠世 (T_3)	印支	受南北向挤压、北部蒙古古洋封闭，形成兴蒙海槽山闭、南部祁连-秦岭海槽关闭，华北板块与华南板块对接、中国大陆形成	晚三叠世、上扬子、华北地形成的大型陆内坳陷内发生聚煤作用，盆地具有前陆坳陷盆地性质	晚古生代煤系遭受改造，华南于印支早期逆陷局部伸展滑覆、晚期逆冲推覆；华北受板缘板块持续活动控制、发生褶断裂
		中三叠世 (T_2)				
		早三叠世 (T_1)				
晚古生代 (P_{z2})	二叠纪 (P)	晚二叠世 (P_3)	华力西	塔里木-华北板块与西伯利亚板块对接、秦岭洋消减、古亚洲洋逐步形成	华北 C_2-P_1 和华南 C_2、P_2 海陆交互型聚煤作用广泛发育，盆地类型主要为较稳定的巨型或大陆拉通坳陷	同沉积期构造活动控制富煤带的展布
		中二叠世 (P_2)				
		早二叠世 (P_1)				
	石炭纪 (C)	晚石炭世 (C_2)				
		早石炭世 (C_1)				

叠纪完成全面拼贴。南、北古板块边缘相继转化为主动大陆边缘后,洋壳相对俯冲产生 SN 向挤压力导致华北古板块全面隆升,经受长达百万年的剥蚀夷平作用,为晚古生代广泛而连续的成煤作用提供了稳定的盆地基底。

经历了中奥陶世至早石炭世长期隆升剥蚀后,华北古板块主体再度下降,发育为统一的巨型克拉通内坳陷盆地,整个石炭纪-二叠纪期间,华北盆地大部分地区处于构造稳定状态,沉积层分布宽广,岩相、厚度稳定,成煤范围广,煤系与煤层的连续性好,部分地区石炭纪-二叠纪煤系总厚度约 1 000 m。晚石炭世海水由东北部太子河流域入侵,古地形南高北低,形成晚古生代第一个含煤层位——本溪组。华北板块西侧与祁连海相通,鄂尔多斯地块西缘在贺兰坳拉谷基础上形成巨厚的泥盆纪、早石炭世和晚石炭世早期沉积,与华北含煤盆地主体之间被 SN 向的杭锦旗-庆阳-麟游古隆起所分隔,直至晚石炭世末才形成统一的含煤盆地(王双明等,1996)。华北板块与西伯利亚板块于晚石炭世至二叠纪前后的碰撞作用(任纪舜,1990),不仅形成兴蒙褶皱带,而且也使华北北部抬升、地形反转为北高南低,海水向南退缩。晚古生代煤系地层的物源分析表明,晚石炭世至早二叠世物源主要来自北部阴山燕山一带;至晚二叠世南部的秦岭—大别山亦成为物源区之一。由此表明,晚古生代北部大陆碰撞过程和造山作用是控制板块内克拉通煤盆地发育的主要因素,早二叠世以后板块南缘构造作用的影响逐渐明显。海西运动末期,随南北古洋不断消减乃至天山—兴蒙褶皱系崛起,盆地基底抬升,海水由北向南逐渐退出,过渡为晚二叠世陆相盆地,晚古生代聚煤作用随之结束。

印支运动是中国东部大陆地质演化进程中的重要转折,南北古板块全面拼贴,形成统一的中国主板块,由此开始了由古亚洲构造域向特提斯—古太平洋构造域的转化,区域构造格局由"南北分异、东西展布"向"东西分异"与"南北分异"并存发展。印支运动也是华北晚古生代含煤盆地开始解体分化、煤系开始构造变形的转折时期。这一过程主要受华北板块南北边缘造山带 SN 向挤压控制。板缘造山作用的影响向板内递减,印支运动的总体规律是南、北边缘明显,内部较弱,东强西弱;明显的构造变动分布于辽东、辽西、冀北燕山、南华北、鄂尔多斯西南缘等晚古生代含煤盆地边缘地区,煤系变形构造样式主要包括近 EW 向的隆起和坳陷以及由盆缘指向盆内的逆冲推覆。印支运动的另一表现是导致华北东部的抬升大,华北含煤盆地的东界于晚三叠世向太行山以西退缩(尚冠雄,1997),在鄂尔多斯盆地内部受影响微弱,发育了晚三叠世含煤岩系沉积。渤海湾盆地普遍缺失晚三叠世沉积(于福生等,2002),表明华北东部伴随抬升作用的挤压变形。印支运动末期,由于秦岭和祁连山强大的挤压力及太平洋板块的俯冲作用,鄂尔多斯盆地整体抬升,西部和南部抬升幅度较大,三叠系上部地层遭受强烈剥蚀,使侏罗系煤系基底构造在总体上呈北北西走向向北东东缓倾斜的形态。

燕山运动,亚洲大陆东侧发展为宏伟的安第斯型活动大陆边缘(任纪舜,1990;葛肖虹等,2014)。华北地区进入了由古亚洲构造域和滨太平洋构造域共同作用的局面。自中侏罗世开始,华北板块受西伯利亚板块和华南板块的SN向挤压,加之伊邪那岐向西俯冲,派生出强大的 NW-SE 向压应力,同时存在块体的旋转及左旋剪切作用,华北地区由印支运动的 EW 向构造线转变为燕山运动的 NE-NNE 向构造线,形成一系列平行排列或呈雁列的褶皱、逆冲断层(图 4-1)。早中侏罗世,鄂尔多斯盆地构造活动趋于缓和,西缘逆冲构造带幅度明显减弱,为成煤作用创造了良机,发育了下侏罗统富县组和中侏罗统延安组含煤岩系。鄂尔多斯盆地侏罗系及下伏三叠系、石炭系-二叠系后期改造微弱,大部分地区呈近水平或低缓角度单斜,整体呈向西倾斜,强烈变形集中于盆地西缘逆冲断裂带(王双明,2011)。

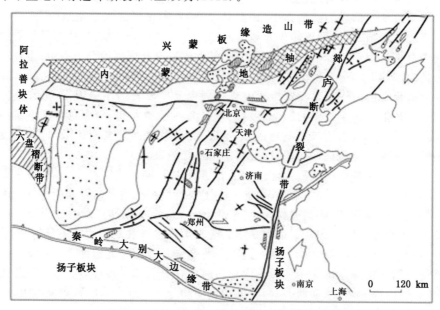

图 4-1　华北含煤盆地燕山期构造图(尚冠雄,1997,简化)

喜马拉雅运动早期,随着库拉-太平洋板块俯冲带向东迁移,亚洲大陆东缘由安第斯型大陆边缘转化为西太平洋型大陆边缘,中国大陆东部进入受太平洋构造域控制的裂陷阶段(琚宜文等,2014)。晚白垩世至古近纪,库拉-太平洋脊俯冲于亚洲大陆东部之下,古近纪后期洋脊完全消减。洋脊俯冲引起弧后地幔物质上涌、岩石圈侧向伸展、地壳减薄,使中国东部弧后区应力状态从挤压转变为拉张,造成规模宏大的大陆裂陷区,在紫荆关—武陵山和郯庐断裂带之间的中生代上隆轴心地带先期挤压隆起发生负反转,形成 NNE-SSW 走向下辽河、渤海湾、南华北和华东巨大的地堑系(图 4-2)。华北南部阜阳盆地、合肥盆地和周口盆地的上白垩统至古近系红层厚达 3 000~4 000 m,甚至更厚;鲁西隆起区于古近纪发生全面伸展;豫西地区在三叠纪以来长期隆起基础上受次级地幔隆起控制,于古近纪发生普遍断块掀斜运动,与此过程相关的煤田重力滑动构造广泛发育于豫西嵩箕地区。华北含煤盆地区内部新生代伸展构造和浅层重力构造与周缘中生代逆冲推覆构造形成了鲜明对比。

1—第四系;2—新近系和第四系;3—新生界;4—白垩系和古近系;5—白垩系和新生界;
6—下侏罗统至上白垩统;7—中生代大型断陷;8—伸展构造中的隆起;9—新生代玄武岩;
10—中生代酸性喷出岩;11—中生代酸性侵入岩;12—断裂;13—平移断层。

图 4-2　华北东部伸展构造略图(马杏垣等,1983)

4.2 华北赋煤区煤系构造变形特征与构造煤分布规律

4.2.1 煤系构造变形特征与分区

4.2.1.1 控制构造变形的因素

影响煤系构造变形的主要因素有煤系地层基底属性与深部构造、地球动力学环境、构造演化历程以及煤系岩性组合特征等方面。

深部构造格局和基底区域构造属性决定含煤盆地构造演化的活动性,从而决定含煤岩系后期改造的方式、强度和现今赋存状态(韩德馨等,1980;童玉明等,1994)。一般而言,板块内部基底稳定、盖层变形微弱,含煤岩系后期改造程度较低,得以较好保存,含煤盆地演化以继承性为主。例如,鄂尔多斯盆地即具有稳定的结晶基底,自晚古生代含煤岩系形成以来长期处于稳定状态,中生代含煤盆地继承性发育,石炭-二叠系煤系和侏罗系煤系后期改造微弱,盆内主体部分含煤岩系呈近水平的单斜或极宽缓的连续褶皱。与板内盆地形成鲜明对照的是,板块边缘或造山带的基底活动性较大、盖层变形明显,含煤岩系均受到不同程度改造,含煤盆地演化以新生性为特点。例如,鄂尔多斯盆地周缘煤系变形明显强于板块内部。

地球动力学环境决定了煤系构造变形性质的基本条件。中国大陆是一个由众多较稳定地块和构造活动带经多次拼合而成的复式大陆(任纪舜等,1999;马文璞,1992),平面上和垂向上均具有显著的非均匀性。华北板块位于欧亚板块东缘,处于古亚洲构造域、特提斯构造域、滨太平洋构造域相互作用交接的中心区域(曹代勇等,2017)。古亚洲构造域、特提斯构造域和滨太平洋构造域的形成演化为晚古生代、中生代、新生代沉积盆地的形成及发展奠定了基础和提供了动力来源,进而决定了华北板块演化及其与周缘板块之间的相互作用,控制了华北含煤盆地煤系的形成、形变和赋存的地球动力学背景。

构造演化控制着含煤岩系被改造的程度。自晚古生代石炭纪煤层形成以来,中国大陆经历了华力西、印支、燕山和喜马拉雅等四个主要的构造旋回(任纪舜等,1999),不同时期、不同区域构造位置的地壳运动性质和构造演化不同,因而,不同聚煤区、不同聚煤期的含煤岩系所受的影响也不同。例如,华北赋煤区的石炭-二叠纪含煤岩系即经历了印支期的抬升剥蚀、燕山期的挤压和喜马拉雅期的伸展断陷等主要构造事件,具有"多旋回"演化特征;而鄂尔多斯盆地侏罗纪含煤岩系和内蒙古东部的早白垩世煤系所受后期改造微弱,其演化则是"单旋回"的。

构造应力场是导致煤系变形的直接因素。含煤岩系的后期构造变形,是含煤岩系在应力作用下发生变形和变位的结果。受构造应力场的性质、方位、强度、作用持续时间、作用期次等影响,同一地区、不同含煤岩系经历了不同期次的构造应力场,同一时期、不同地域含煤岩系所处的应力状态也可能千差万别。板缘构造应力向板内衰减,决定了含煤岩系变形由板缘向板内递减,如鄂尔多斯盆地东缘、西缘挤压强变形以及盆地稳定弱变形区。

4.2.1.2 华北赋煤区煤系变形分区分带

依据华北赋煤区煤系变形规律,可以将华北赋煤区煤系变形划分为两大区:板缘强挤压变形区和板内差异变形区(王桂梁等,2007)。板缘强变形区的现今构造以挤压型构造为主,是相邻板块碰撞的挤压应力波及板内的产物。板缘强挤压变形区分为华北板块北缘、鄂尔多斯盆地西缘和华北板块南缘构造变形带(图4-3)。华北板块北缘强变形带东起辽东浑江-太子河流域,向西沿北纬40°线北侧经辽西、冀北、阴山南麓至内蒙古自治区临河以西。鄂尔多斯盆地西缘强构造变形带沿鄂尔多斯盆地西缘经贺兰山、六盘山至陕西陇县。华北板块南缘构造变形带沿秦岭北麓经渭河地堑、豫西伏牛山北麓、豫南、淮南至安徽合肥,于郯庐断裂带东侧转为NNE向与徐淮弧形构造带相接。

板内差异变形区煤系现今赋存状况和构造样式组合特征由西向东,构造性质由弱挤压至伸展,构造活动性由微弱到显著(表4-2),因而,以离石断裂和太行山山前断裂为界,大体可以将华北赋煤区板内分为鄂尔多斯盆地稳定弱变形带、山西地块过渡变形带、渤海湾盆地伸展变形带。这种EW方向的变异性与中国大陆现今构造格局一致,是燕山运动以来尤其是新生代构造域相互作用的结果。

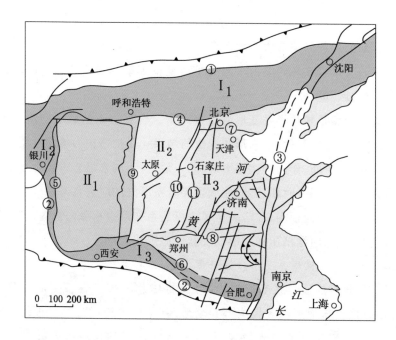

①—华北赋煤区北缘断裂带；②—华北赋煤区南缘断裂带；③—郯庐断裂带；

④—遵化-包头基底隆起带；⑤—鄂尔多斯西缘逆冲断裂带；⑥—华北含煤盆地地区南缘逆冲断裂带；

⑦—昌平-宁河断裂带；⑧—丰沛断裂带；⑨—离石断裂带；⑩—紫荆关断裂带。

图 4-3　华北赋煤区煤系变形分区图（王桂梁等，2007，修）

表 4-2　华北赋煤区板内构造变特征对比表（王桂梁等，2007）

变形带	构造变形性质	主要构造样式	中新生代构造演化	中新生代岩浆活动
鄂尔多斯盆地稳定弱变形带	弱挤压变形	宽缓褶皱、单斜	继承性	微弱
山西地块过渡变形带	弱挤压与伸展变形	宽缓褶皱、正断层、逆断层	继承性和新生性	中等
渤海湾盆地伸展变形带	强烈伸展变形	地堑、地垒、阶梯状正断层	新生性显著，负反转	强烈

4.2.2　华北赋煤区构造煤分布规律

构造煤是煤层在构造应力作用下,发生成分、结构和构造变化,引起煤层发生变形(破坏、粉化等)、流变(增厚、减薄等)和变质(缩聚、降解等)作用的产物。因而,构造煤的形成受构造应力场的性质、方位、强度、作用持续时间、作用期次以及煤岩性质、厚度和组合等控制。

构造煤分类是在构造煤结构研究的基础上提出来的,不同学者强调的分类依据不同,分类方案有多种。20世纪70年代以前,构造煤的分类主要是以构造煤结构研究为基础进行划分,依据煤体的破碎程度进行分类,即根据构造煤的粒度大小划分出不同类型(中国矿业学院瓦斯组,1979;陈善庆,1989)。1981年在美国加州召开的"糜棱岩类岩石的意义和成因"会议之后,构造通常被划分为脆性系列和韧性系列。构造煤的分类借鉴构造岩的分类方法,按照成因-结构分类,把糜棱煤纳入韧性变形序列(侯泉林等,1990;李康等,1992;朱兴珊等,1996;琚宜文等,2004,2005)。本次分析按照《防治煤与瓦斯突出细则》(1995)划分的5种类型进行分析以便和现场生产实际结合,即Ⅰ类(非破坏煤)、Ⅱ类(破坏煤)、Ⅲ类(强烈破坏煤)、Ⅳ类(粉碎煤)、Ⅴ类(全粉煤)。

国内外研究结果表明,构造煤的形成与分布主要受构造控制,与构造演化过程中煤系变形有较好的一致性。挤压构造带构造煤发育,构造挤压越强烈,煤体破坏越严重。构造的类型控制着构造煤的分布特征,褶皱、顺层断层和大型逆冲断层控制着构造煤的区域分布,切层断层控制了构造煤的局部分布(王恩营等,2015)。如在华北板块板南、北缘及板内造山带形成了强挤压变形区,也是华北赋煤区构造煤发育区,普遍发育Ⅲ~Ⅳ类构造煤;构造煤的发育程度由板缘向板内以及由靠近造山带向远离造山带减弱的趋势;越靠近挤压构造带构造煤厚度越厚、破碎越严重。伸展构造带构造煤不发育,但在伸展构造带的盆地和隆起边缘发育有Ⅱ~Ⅲ构造煤;而伸展背景下形成的大型滑脱构造,使煤体破坏严重,构造煤成层发育,如豫西煤田成层发育Ⅳ~Ⅴ类构造煤,被称为"三软"煤层。华北赋煤区煤系变形与构造煤发育特征见图4-4和表4-3。

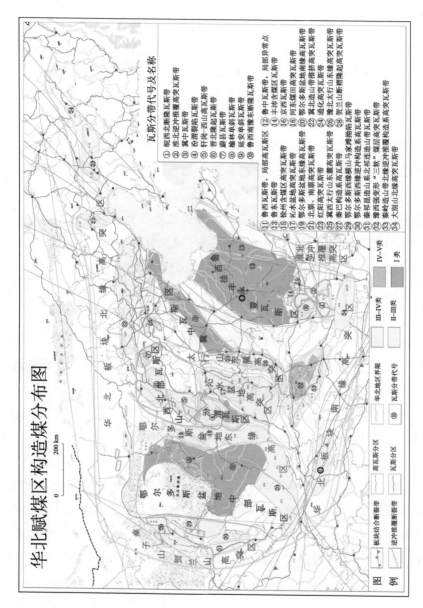

图4-4 华北赋煤区构造煤分布图

表 4-3　华北赋煤区煤系变形与构造煤发育特征

煤系变形区	煤系变形区	构造变形性质	构造分布特征	主要煤田	构造煤发育特征
华北板块北缘强挤压变形区	北部强挤压变形带	强挤压缩短变形，变形强度由北向南递减	以近 EW 向逆冲推覆构造为主，东段辽东、辽西地区受太平洋动力学体系影响显著，早期 EW 向构造受严重改造，构造线以 NE 向和 NNE 向为主	吉南辽东煤田、辽西煤田、冀北煤田和阴山煤田	构造煤类型主要为Ⅲ～Ⅳ类
华北板块北缘强挤压变形区	北部弱挤压变形带	东段京（东）津唐煤田煤系变形强度中等，中段京西煤田煤系变形强度在在中环带中最为显著，西段蔚县煤田煤系变形强度中等	构造呈近 EW 向展布，东段主体构造格局为隔档式褶皱组合，中段滑脱构造十分发育，西段断裂构造发育，以正断层为主，也揭露了一定数量的早期逆断层和逆冲断层	京津唐煤田、京西煤田和冀北蔚县煤田	京西煤田构造煤类型主要为Ⅲ～Ⅳ类，京津唐煤田局部发育Ⅲ～Ⅳ类构造煤，冀北蔚县煤田构造煤不发育
鄂尔多斯盆地西缘强挤压变形区	鄂尔多斯盆地西缘强挤压变形带	强挤压变形，变形强度由盆缘向盆地内部递减	由 10 余条近 SN 向延伸的大型逆冲断裂组成，数条同向大型正断层和一些近 EW 走向的大型平移断层组成构造骨架，基本构造形态为总体由东向西扩展的逆冲断裂组合	桌子山煤田、贺兰山煤田、陇东煤田和黄陇煤田等	构造煤类型主要为Ⅲ～Ⅳ类

表 4-3(续)

煤系变形区		构造变形性质	构造分布特征	主要煤田	构造煤发育特征
	陕豫皖逆冲推覆构造变形带	强挤压变形、变形强度由南向北递减	沿走向构造带被 NE 向和 NNE 向断层切错而断续延伸，呈平放的舒缓状反 S 形，构成一条宽数十千米至上百千米的逆冲推覆、断陷伸展构造带。上覆系统由 2～3 条主干分支逆冲断层及其所夹持的逆冲岩席组成，逆冲断层面向 S 或 SW 向倾斜，浅部倾角大，向深部逐渐变缓归并于近水平呈波状起伏的主滑脱面，剖面上呈叠瓦扇组合	渭北煤田、陕渑-义马煤田、宜洛煤田、临汝煤田、平顶山煤田、确山煤田、周口含煤区、淮南煤田	构造煤类型主要为 III～IV 类
华北板块南缘强挤压变形区	豫西-徐淮构造变形带	强变形、豫西重力滑动下的强挤压剪切变形、徐淮逆冲推覆下的挤压变形	中生代以挤压变形为主。构造格局表现为与板块边界近于平行的宽缓大型褶皱或隆起以及之配套的剪切断裂和压性断裂系统。除接近郯庐断裂发育的徐淮地区处，逆冲推覆构造样式并不显著，在很大程度上构造和掩盖了早期挤压构造形迹。豫西含煤区在宽缓褶皱背景下发育了掀斜构造上的重力滑动构造，而豫东陷伏区则以正断层控制的断块构造格局为特征	豫西新密煤田、禹州煤田、登封煤田、荥巩煤田、新安煤田、偃龙煤田、豫东、豫永夏煤田和徐州—淮北煤田	豫西 IV～V 类构造煤普遍发育、徐淮主要为 III～IV 类、豫东构造煤不发育

表 4-3（续）

煤系变形区	煤系变形区	构造变形性质	构造分布特征	主要煤田	构造煤发育特征
鄂尔多斯盆地稳定弱挤压变形区	鄂尔多斯盆地弱挤压变形带	弱挤压变形	明显的构造变形局限于盆地边缘，盆地内部变形微弱；主体构造格局是 SN 走向的不对称向斜，盆地内次级褶皱以极宽缓的短轴背斜为主，断裂稀少，未见岩浆侵入活动，构造简单	宁东煤田，陕北侏罗纪煤田，陕北三叠纪煤田，东胜煤田和准格尔煤田及沙坪梁和司家山预测区	以原生结构煤为主，构造煤不发育
山西地块过渡变形区	山西弱挤压与伸展变形	弱挤压与伸展变形	挤压变形样式（逆冲断层、褶皱）和伸展变形样式（正断层、裂陷）并存；中生代挤压构造强于鄂尔多斯盆地，而弱于渤海湾盆地，新生代伸展构造样式则反之	大同，宁武煤田及岢岚、五台、源、灵丘、繁峙、阳高、广灵煤产地；沁水、霍西、西山煤田以及垣田、平陆煤产地	以原生结构煤为主；在盆缘及构造局部发育有 II～III 类构造煤

表 4-3（续）

煤系 变形区	煤系 变形区	构造变形性质	构造分布特征	主要煤田	构造煤 发育特征
	渤海湾盆地 强烈伸展 变形带	强烈伸展变形	典型的盆岭构造格局，平面上呈右阶斜列的断陷带与隆起带	河北平原煤田、东濮找煤区	以原生结构煤为主
渤海湾盆地 伸展变形区	鲁西强烈 伸展 变形带	强烈伸展变形	鲁西地区褶皱构造十分宽缓、逆断层数量少、规模小，主体构造为正断层组合；鲁西南地区是 EW 向和 SN 两向组正断层组成的井字形伸展滑脱构造系统	济东、淄博、肥城、莱芜、沂源、新汶、巨野、兖州、滕州、陶枣、临沂、韩庄庄等山东省主要煤田	以原生结构煤为主，局部受重力滑动影响发育小规模的构造煤
	太行山东 麓挤压变 形带	挤压变形，由造山带内侧向外侧变形减弱	密集的 NNE 走向断层组成阶梯式断块、地堑、地垒的复合构造形式；断层密度大但切割深度浅；伸展构造始发生在白垩纪，高峰期在古近纪和新近纪，包括古近纪的断陷和新近纪的坳陷	自北而南有元氏、临城、邢台、峰峰—武安、安阳—鹤壁、焦作、济源	构造煤类型主要为 III～IV 类、局部有 IV～V 类

4.3 华北赋煤区煤矿瓦斯赋存构造逐级控制特征

中国大陆以华北板块形成最早、范围最大,普遍沉积了中国较老的石炭-二叠系含煤地层,以中高变质烟煤、无烟煤为主,煤层瓦斯生成条件比较优越,是我国高瓦斯矿井、矿区主要分布区。印支运动、燕山运动、喜马拉雅运动对华北地区石炭-二叠纪含煤地层的保存和分布以及中新生代含煤地层的形成具有重要的影响,并且在一定程度上控制着华北地区煤层瓦斯的形成和分布。

华北板块的主体,印支运动之前是一个近东西向展布的大盆,广泛沉积了石炭-二叠纪煤系地层。印支期开始,在华北地区的东部,受太平洋库拉板块俯冲碰撞较早,鲁西隆起,导致其缺失三叠系地层沉积,使得二叠系的煤层瓦斯保存条件变差;煤层瓦斯风化带垂深普遍在 600 m 以上,目前 90% 以上的矿井仍为低瓦斯矿井。燕山早、中期,由于太平洋库拉板块沿北西西向俯冲作用加强,形成了太行山、胶辽、鄂尔多斯西缘逆冲推覆、隆起造山带,进而形成了一系列北北东向的压扭性断裂、褶皱,分别控制了太行山东麓、通化—红阳、鄂尔多斯西缘等高瓦斯与瓦斯突出带。同时出现了鄂尔多斯、下辽河—华北盆地拗陷带。

喜马拉雅早期,太平洋板块和菲律宾海板块沿日本—琉球海沟向 NWW 俯冲,导致大陆边缘裂解,同时,印度板块沿雅鲁藏布江缝合线与欧亚板块发生碰撞,并持续向北推挤消减,一方面使青藏高原因地壳重叠而隆起,另一方面以滑移线场形式影响中国大陆东部构造变形,使得中国东部大陆向洋蠕散,加上造山后陆块发生松弛及造山带向沿海迁移后引起的后缘扩张作用,华北板块以裂陷活动为主,形成了下辽河-渤海-华北裂陷盆地、汾渭裂陷盆地等,煤层瓦斯大量释放,并控制了河北邢台、汾渭等低瓦斯带。

华北板块北缘,以板块北缘断裂为界,毗邻于赤峰活动带,受控于西伯利亚板块的碰撞挤压作用,构造上以挤压、褶皱、逆冲推覆造山活动为主;印支-燕山期岩浆活动剧烈。由于煤化程度高,煤层变形破坏强烈,这些变形破坏活动控制着阴山燕辽高突矿井、矿区的分布。由西至东,包头、下花园、北票、红

阳、本溪、通化都是高瓦斯突出矿区,其中北票矿区发生煤与瓦斯突出 1 500
余次,为严重的煤与瓦斯突出矿区。

华北板块南缘,从豫西煤田到淮南煤田,受东秦岭变形带和大别山变形带
以及华北板块南缘断裂带的控制。华北板块与华南板块从晋宁期开始汇聚;
加里东期、华力西-印支期华南板块俯冲、华北板块推覆隆升;燕山-喜马拉雅
期中国南部大陆整体向北移动,从而触发陆-陆俯冲、陆内堆叠,形成了近东西
向展布的滑脱、推覆、走滑和隆升的强烈变形带。在豫西煤田,从小秦岭向南
至北秦岭,为一系列平行排列的近东西向展布的逆冲推覆、滑脱构造,煤层挤
压断裂破坏强烈;构造煤发育,厚者 1.5 m 以上;在豫西登封、新密、禹县、荥巩
等煤田,全层发育构造煤,为豫西"三软"煤层发育区。这一系列逆冲推覆、滑
脱构造控制着华北板块南缘淮南、平顶山、宜洛、义马到甘肃靖远高突矿井、矿
区的分布。

在沿郯庐断裂带西侧受华南板块向华北板块俯冲碰撞作用,形成徐淮前
陆褶皱冲断带,在弧顶南北两翼的挤压剪切带分别控制着皖北宿县、临涣和淮
北高突矿区、矿井的分布。

4.4　华北赋煤区煤矿瓦斯赋存区带划分与瓦斯地质图

运用瓦斯赋存构造逐级控制理论,在研究华北地区区域地质构造演化、瓦
斯赋存构造逐级控制特征的基础上,根据瓦斯(煤层气)赋存区域地质构造控
制规律 10 种类型和华北煤矿区、煤田煤层瓦斯形成的地质背景、含煤地层及
其沉积特征、煤的变质变形规律及构造煤分布特征、煤层瓦斯含量和矿井瓦斯
涌出量的大小,将华北赋煤区划分为 7 个高突瓦斯区和 6 个低瓦斯区,进一步
划分了 15 个高(突)瓦斯带和 13 个低瓦斯带(张子敏等,2014),见图 4-5
和表 4-4。

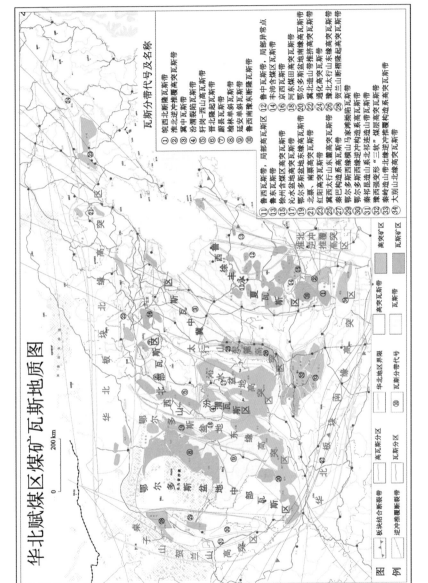

图4-5　华北赋煤区煤矿瓦斯地质略图

表 4-4　华北赋煤区瓦斯分区分带和控制因素

省(区、市)名称	瓦斯分区划分	区域地质构造控制类型	瓦斯分带划分
安徽	淮北逆冲推覆高突瓦斯区	大型逆冲推覆作用控制型	① 皖西北断隆低瓦斯带; ② 淮北逆冲推覆高突瓦斯带
河南	华北板块南缘高突瓦斯区	造山带推挤作用控制型	③ 大别山北缘高突瓦斯带; ④ 皖南高突瓦斯带
			① 秦岭造山带北缘逆冲推覆构造系高突瓦斯带; ② 豫西强变形"三软"煤层高突瓦斯带
	太行山东麓高突瓦斯区		③ 太行山造山带东缘高突瓦斯带
	鲁西徐丰永夏低瓦斯区	区域构造隆起剥蚀控制型	④ 鲁西南豫东断隆低瓦斯带
河北	太行山东麓高突瓦斯区	造山带推挤作用控制型	① 冀西太行山东麓高突瓦斯带
	山西北部瓦斯区	区域构造隆起剥蚀控制型	② 蔚县低瓦斯带
	冀中低瓦斯区	区域构造拉张裂陷控制型	③ 冀中低瓦斯带
辽宁	华北板块北缘高突瓦斯区	造山带推挤作用控制型	④ 冀北造山带推挤高突瓦斯带
			① 北票、南票高突瓦斯带; ② 红阳高突瓦斯带
吉林			① 通化高突瓦斯带
山西	山西北部低瓦斯区	区域构造隆起剥蚀控制型	① 晋北隆起低瓦斯带
	汾渭低瓦斯区	区域构造拉张裂陷控制型	② 汾渭裂陷低瓦斯带; ③ 轩岗-西山高瓦斯带
	沁水盆地高突瓦斯区	板块中部构造简单控制型	④ 沁水盆地高突瓦斯带
	鄂尔多斯盆地东缘高突瓦斯区		⑤ 河东煤田高突瓦斯带
陕西			① 鄂尔多斯盆地东缘高瓦斯带; ② 鄂尔多斯盆地南缘高瓦斯带
	鄂尔多斯盆地中部低瓦斯区	区域构造隆起剥蚀控制型	③ 榆林单斜低瓦斯带; ④ 延安单斜低瓦斯带
	华北板块南缘高突瓦斯区	造山带推挤作用控制型	⑤ 秦巴构造系高瓦斯带

表 4-4(续)

省(区、市)名称	瓦斯分区划分	区域地质构造控制类型	瓦斯分带划分
山东	鲁西徐丰永夏低瓦斯区	区域构造隆起剥蚀控制型	① 鲁西低瓦斯带,局部高瓦斯区; ② 鲁中低瓦斯带,局部异常点; ③ 鲁东低瓦斯带
江苏			① 丰沛含煤区低瓦斯带; ② 徐州含煤区高突瓦斯带; ③ 苏南含煤区低瓦斯带
宁夏	桌子山贺兰山高突瓦斯区	造山带推挤作用控制型	① 贺兰山断褶隆起高突瓦斯带; ② 鄂尔多斯西缘横山马家滩拗陷低瓦斯带; ③ 鄂尔多斯西缘逆冲构造系高瓦斯带
	华北板块南缘高突瓦斯区		④ 秦祁昆造山系北祁连造山带低瓦斯带
北京	京西低瓦斯区	岩浆作用控制型	① 京西低瓦斯带

4.5　本章小结

（1）阐明了华北赋煤区区域地质演化特征,剖析了其构造控制机理:华北赋煤区位于华北板块,处于古亚洲洋、特提斯洋和太平洋三大构造相互作用交接的中心区域,主要受控于三个古生代以来地球动力学体系、两条现代板块边界锋线和两条板块对接带,华北板块演化及其与周缘板块之间的相互作用,制约着含煤盆地煤层的形成、变形和赋存,控制着煤矿瓦斯的生成、运移和保存,控制着构造煤的形成和分布。

（2）阐述了华北赋煤区煤系构造变形特征:华北赋煤区边缘的现今构造以挤压型构造为主,是相邻板块碰撞的挤压应力波及板内的产物,此带内煤系变形强度最大,煤系变形强度具有向板内减弱的趋势;以鄂尔多斯盆地东缘断裂带(离石断裂)和太行山山前断裂为界,大体可以将华北赋煤区板内分为鄂尔多斯盆地稳定弱变形带、山西地块过渡变形带、渤海湾盆地伸展变形带。

（3）揭示了华北赋煤区主要煤层构造煤分布特征:构造煤的形成与分布主要受构造控制,与构造演化过程中煤系变形有较好的一致性;华北板块板南、北缘及板内造山带形成了强挤压变形区,也是华北赋煤区构造煤发育区,普遍发育Ⅲ~Ⅳ类构造煤;构造煤的发育程度由板缘向板内以及由靠近挤压型造山带向远离造山带减弱的趋势;越靠近挤压构造带构造煤厚度越厚、破碎越严重。伸展构造带构造煤不发育,但在伸展构造带的盆地和隆起边缘发育有Ⅱ~Ⅲ类构造煤;而伸展背景下形成的大型滑脱构造,使煤体破坏严重,构造煤成层发育。

(4) 阐明了煤矿瓦斯赋存构造逐级控制特征:印支运动之前,华北板块的主体是一个近东西向展布的大盆,广泛沉积了石炭-二叠纪煤系地层。印支期开始,受太平洋库拉板块俯冲碰撞较早,鲁西隆起,导致其缺失三叠系地层沉积,使得二叠系的煤层瓦斯保存条件变差,控制着山东、豫东低瓦斯矿井分布。燕山早、中期,由于太平洋库拉板块沿北西西向俯冲作用加强,形成了太行山、胶辽、鄂尔多斯西缘逆冲推覆、隆起造山带,进而形成了一系列北北东向的压扭性断裂、褶皱,分别控制了太行山东麓、通化-红阳、鄂尔多斯西缘等高瓦斯与瓦斯突出带。喜马拉雅早期,太平洋板块和菲律宾海板块沿日本-琉球海沟向 NWW 俯冲,导致大陆边缘裂解,同时,印度板块与欧亚板块发生碰撞,并持续向北推挤消减,使得中国东部大陆向洋蠕散,加上造山后陆块发生松弛及造山带向沿海迁移后引起的后缘扩张作用,华北板块以裂陷活动为主,形成了下辽河-渤海-华北裂陷盆地、汾渭裂陷盆地等,煤层瓦斯大量释放,并控制了河北邢台、汾渭等低瓦斯带。华北板块南缘、北缘的强烈挤压造山控制着南缘、北缘高突瓦斯区带分布。

(5) 划分了华北赋煤区煤矿瓦斯赋存区、带,编制了华北赋煤区煤矿瓦斯地质图:运用瓦斯赋存构造逐级控制理论,在研究华北赋煤区区域地质构造演化、瓦斯赋存构造逐级控制特征的基础上,结合华北赋煤区含煤地层及其沉积特征、煤的变质变形规律及构造煤分布特征、煤层瓦斯含量和矿井瓦斯涌出量的大小,将华北赋煤区煤矿分布区划分为 7 个高突瓦斯区和 6 个低瓦斯区,进一步划分了 15 个高(突)瓦斯带,13 个低瓦斯带。

5 保护层开采瓦斯运移的力学机制

保护层开采,煤岩应力重新分布,岩层原生裂隙扩展和次生微裂隙形成及宏观断裂,煤层透气性增加,瓦斯运移流动,原始瓦斯赋存状态发生改变,将形成新的瓦斯赋存状态。在此过程中,瓦斯的聚集或突然涌出将给生产带来重大隐患,而搞清开采条件下瓦斯运移规律有利于制定有针对性的瓦斯预防措施。运用相似材料模拟的方法研究其瓦斯运移的力学问题既费时又费力,而现场测试相关参数既影响生产又非常困难。本章采用 RFPA-GAS 软件和 FLAC 3D 软件,结合平煤五矿瓦斯地质条件,探讨了保护层开采期间瓦斯运移的力学机制,分析了保护层开采突出危险区分布和保护层开采卸压增透机理及瓦斯渗流规律,并进行了保护层底板渗流区划分。

5.1 保护层开采突出危险区分布规律

保护层尤其是近距离保护层开采瓦斯防治和瓦斯抽采效果更加显著,但其开采难度也大,尤其是掘进期间防治煤与瓦斯突出难度最大。同时,回采期间也存在着瓦斯超限和突出危险的问题。因此,确定近距离保护层采掘期间突出危险区域位置并进行针对性治理是保障近距离保护层安全开采的关键。本节应用 FLAC 3D 软件分析了近距离上保护层采掘过程中应力、应变、岩层移动规律及其引起的瓦斯运移规律,从而确定了瓦斯突出危险区域位置,为近距离上保护层开采瓦斯综合防治提供更明确的目标。

5.1.1 保护层掘进突出危险区分析

根据平煤五矿实际瓦斯地质条件,保护层己$_{15}$煤厚度为 1.5 m,被保护层己$_{16,17}$煤厚为 3.0 m,煤层倾角 6°,层间岩性见图 5-1,岩层厚度按等比例缩小,煤岩物理力学参数见表 5-1。

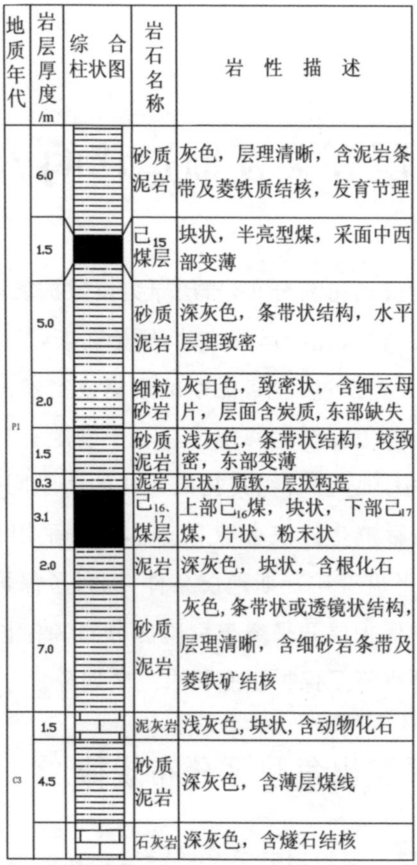

地质年代	岩层厚度/m	综合柱状图	岩石名称	岩性描述
P1	6.0		砂质泥岩	灰色，层理清晰，含泥岩条带及菱铁质结核，发育节理
	1.5		己15煤层	块状，半亮型煤，采面中西部变薄
	5.0		砂质泥岩	深灰色，条带状结构，水平层理致密
	2.0		细粒砂岩	灰白色，致密状，含细云母片，层面含炭质，东部缺失
	1.5		砂质泥岩	浅灰色，条带状结构，较致密，东部变薄
	0.3		泥岩	片状，质软，层状构造
	3.1		己16、17煤层	上部己16煤，块状，下部己17煤，片状、粉末状
	2.0		泥岩	深灰色，块状，含根化石
	7.0		砂质泥岩	灰色，条带状或透镜状结构，层理清晰，含细砂岩条带及菱铁矿结核
C3	1.5		泥灰岩	浅灰色，块状，含动物化石
	4.5		砂质泥岩	深灰色，含薄层煤线
			石灰岩	深灰色，含燧石结核

图 5-1　己15、己16、17综合柱状图

表 5-1　保护层掘进模型煤、岩层物理力学参数

岩层	体积模量/GPa	剪切模量/GPa	内摩擦角/(°)	黏聚力/MPa	泊松比
煤	3.52	0.81	17	0.2	0.25
砂质泥岩	6.32	3.30	34	0.40	0.25
细粒砂岩	8.78	4.67	44	0.55	0.23
砂岩	7.32	3.55	40	0.45	0.23
泥岩	4.49	1.75	24	0.25	0.28

计算模型见图 5-2,以巷道右帮底板为原点,水平向右为 X 轴正向,巷道掘进方向为 Y 轴正向,竖直向上为 Z 轴正向,建立大小为 X×Y×Z＝44 m×30 m×34 m 计算模型。巷道位于模型中间,左、右两侧边界距离巷帮都为 20 m,底部边界距巷道底板 15 m,上顶面自由边界距巷道顶板 16 m,巷道轴向长为 15 m。以 0.5 m 大小划分单元网格,共划分网格节点 45 942 个,单元42 180个,见图 5-2。开挖长度为 8 m,步距为 1 m。

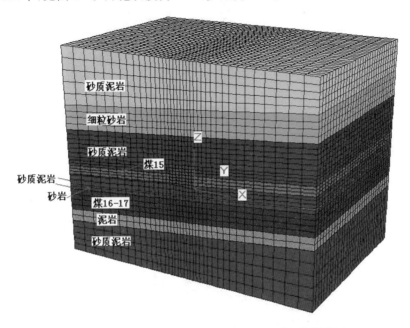

图 5-2 上保护层掘进工作面计算模型三维网格划分图

计算模型选取摩尔-库仑弹塑性本构。边界约束条件为模型周边法向固定,底边三方向运动均固定,顶面为自由表面,并施加上覆岩层自重应力为22.5 MPa。地应力垂直应力取 23 MPa,水平应力取侧压力系数为 0.8,因此水平应力取为 18.4 MPa。瓦斯压力 2.0 MPa 作为各向等值的应力来考虑。

巷道开挖长度为 8 m(即 Y 向 0～8 m)后,巷道纵断面垂直应力分布见图 5-3,应变能分布见图 5-4。从图上可以看出,开挖断面周边以及工作面附近均处于低应力区,应变能较低;而在工作面前方约 6 m 处即开始产生较高的应力集中,应变能也随之增高,集中应力最大达 24.7 MPa。巷道轴向位移见图 5-5,垂直位移分布见图 5-6 和图 5-7,由于开挖,工作面前方约 5 m 范围内的岩体受到了不同程度的扰动,在巷道底板位置出现底鼓现象,最大位移量约为 2.4 cm。开挖断面的塑性破坏区分布见图 5-8 和图 5-9,可见在巷道周边约 1 倍洞径范围内均产生了塑性剪切破坏,在巷道底板由于卸荷效应而产生了拉破坏,此时在岩体内由于拉应力易产生微裂隙,从而被保护层的大量瓦斯会涌入到保护层。

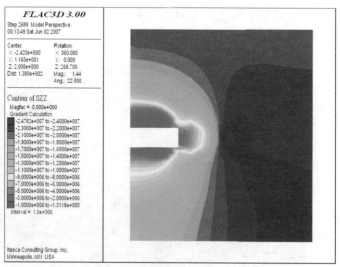

图 5-3　巷道纵断面垂直应力

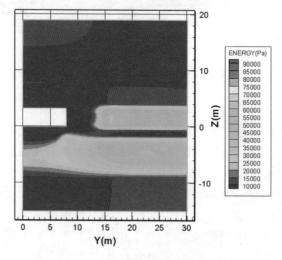

图 5-4　巷道纵断面应变能分布云图

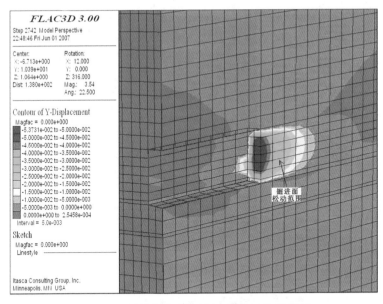

图 5-5　巷道轴向位移云图（主要是工作面变形）

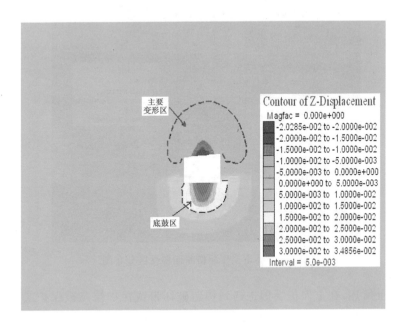

图 5-6　巷道横断面垂直位移云图

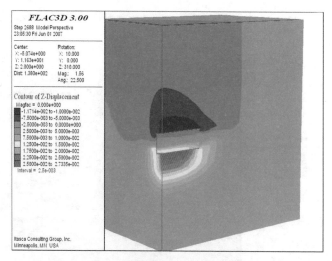

图 5-7　巷道纵断面垂直位移云图

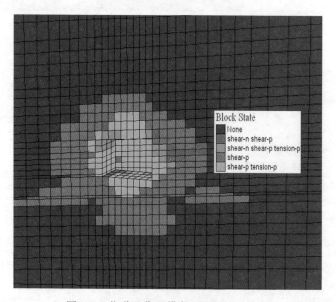

图 5-8　巷道工作面横断面塑性区分布图

　　综上所述,在上保护层掘进遇到构造破坏带或保护层与被保护层层间距较小时,在地应力、采动应力和瓦斯压力共同作用下,容易发生突出危险,其位置见图 5-10。

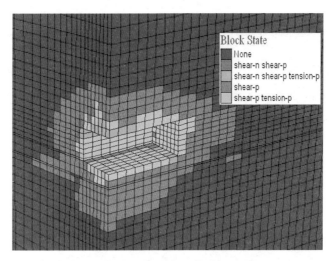

图 5-9　巷道工作面纵断面塑性区分布图

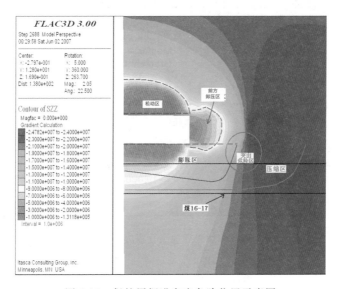

图 5-10　保护层掘进突出危险位置示意图

5.1.2　保护层回采突出危险区分析

和近距离上保护层掘进计算模型参数取值类似,切眼长 190 m,两侧保护煤柱厚为 5 m,建立计算模型见图 5-11。

开切眼后,地层垂直应力分布见图 5-12,在切眼前、后方都形成一定的应力集中,最大垂直应力为 25.49 MPa,约是原岩应力的 1.16 倍(原岩应力为自重应

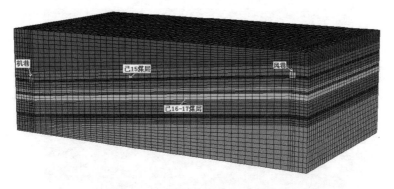

图 5-11　上保护层回采计算模型

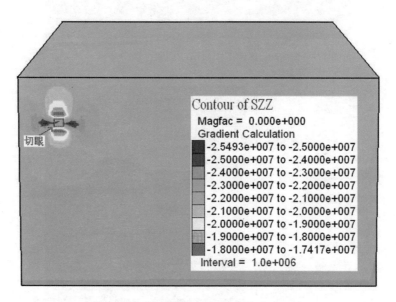

图 5-12　开切眼后地层垂直应力分布云图

力约为 22 MPa);但初次来压时,在己$_{15}$煤层工作面前方形成了较高的应力集中,最大垂直应力达 36.89 MPa,约是原岩应力的 1.68 倍,见图 5-13,且应力集中区已延伸至被保护层己$_{16,17}$煤层,使被保护层最大垂直应力集中值接近 32.5 MPa(原岩应力的 1.48 倍),在此高应力的情况下,如保护层与被保护层层间距较小或遇断层破碎带,极易发生煤与瓦斯突出事故。在己$_{15}$煤层开采区域的上方和下方,是采空后的应力释放区,其垂向地层应力在开采过程中随工作面的推进逐渐卸荷,形成了图中所示的应力释放区,也是瓦斯抽采的有利区域。

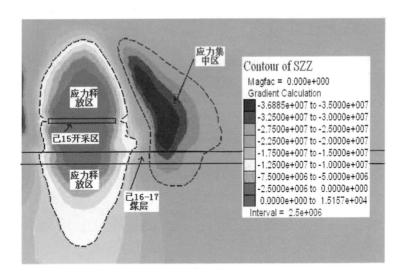

图 5-13 初次来压时垂直应力分布云图

上保护层开采围岩最大主应力变分布见图 5-14。从图上可知,由于开挖,引起顶板、底板和被保护层区域出现大面积应力释放,最大主应力大幅度降低,保护层顶板冒落、底板底鼓,工作面推进方向出现大面积的应力集中区,被保护层也处于该应力集中范围。在压缩区和膨胀区的相交部位应力梯度变化较大,可能导致该处产生贯通性裂隙,从膨胀区往采空区方向的区域,其主应力逐渐恢复。

在保护层己$_{15}$煤层的开采过程中,剪应变率分布见图 5-15。剪应变率主要指剪切产生的变形除以煤岩自身的尺寸,反映煤岩膨胀能力的大小,通常破坏发生在剪应变率的高值区。从图 5-15 可知,采空区底板和被保护层己$_{16,17}$煤层出现相对高的剪应变,底板底鼓,即膨胀增量区域,最高达 6×10^{-5},局部出现破坏。工作面煤壁的下部区域煤体处于压应力集中区,剪切变形相对较小,但由于压应力过大,煤体出现压剪破坏。从压缩区往膨胀区过渡的区域,由于其剪应变梯度较大,可能产生大量的贯通性长裂隙。从膨胀增量区往采空区方向,随保护层顶板冒落,应力逐渐趋于恢复,膨胀也趋于平稳。因此,按照剪应变率和最大主应力分布可以把保护层底板及被保护层划分为压缩区、卸压膨胀陡变带、膨胀增量区、膨胀平稳带(图 5-15)。

综上所述,受保护层己$_{15}$煤层的采动影响,在卸压膨胀陡变带发生剪切破坏,并与膨胀增量区离层裂隙及垂直裂隙连通构成瓦斯运移通道,同时由于前

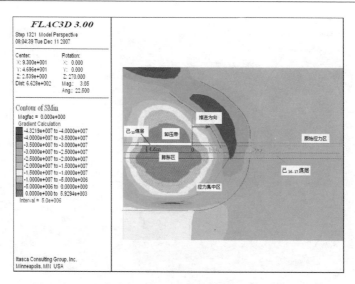

图 5-14　近距离上保护层开采围岩最大主应力分布示意图

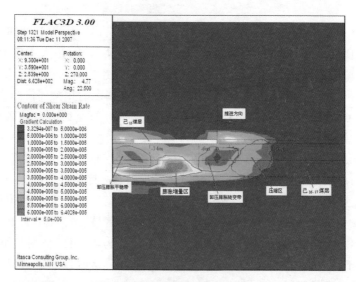

图 5-15　近距离上保护层开采围岩剪应变率分布示意图

方较高的应力集中,使被保护层己$_{16、17}$煤层的应力较高(图 5-16),遇断层或岩柱
较小时,在地层应力和瓦斯压力的共同作用下,最易发生煤与瓦斯突出,见
图 5-17。在保护层己$_{15}$煤层回采过程中,应加强警惕,同时配合相应的防突
措施。

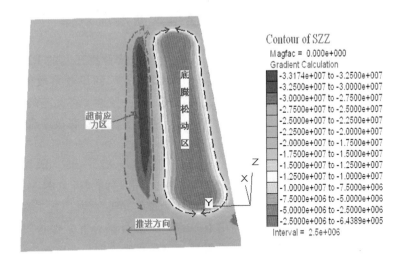

图 5-16　被保护层平面内垂直应力分布云图

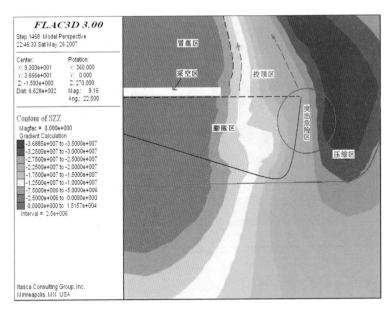

图 5-17　近距离上保护层工作面突出危险区分布示意图

5.2 保护层开采卸压增透机理与瓦斯渗流规律

结合平顶山五矿保护层开采条件,采用大连力软科技开发的 RFPA-Gas 软件,在不考虑瓦斯抽采的条件下,进行了保护层开采卸压效果数值试验研究,实践证明数值试验的结果和实测效果有较好的一致性。在此基础上,探讨了保护层开采卸压增透机理及瓦斯渗流规律,进行了保护层底板渗流区划分。

5.2.1 RFPA-GAS 数值建模

平煤五矿保护层己$_{15}$-23190 工作面煤层埋藏深度 820～880 m,煤层厚度 1.5 m,被保护煤层己$_{16、17}$厚 3.1 m,层间距 2～12 m,层间岩性见图 5-1。保护层瓦斯压力 0.7 MPa 左右,被保护层瓦斯压力 2.1 MPa 左右。基于含瓦斯煤岩破裂过程气固耦合作用模型,利用 RFPA-Gas 软件结合五矿保护层开采条件建立数值模拟模型(图 5-18),共设岩层 22 层,水平方向长 400 m,垂直方向长 280 m,划分为 112 000 个单元。

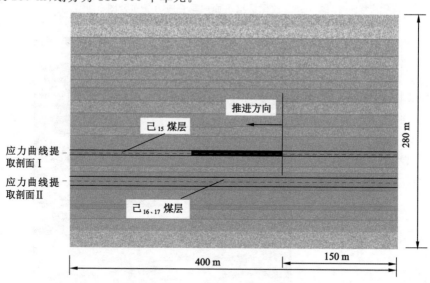

图 5-18 RFPA-GAS 数值模拟示意图

模型边界条件是垂直方向自重加载,上覆 750 m 厚的岩层在模型上部两层采用等容重材料,每层 15 m,共厚 30 m。水平方向采用固定端约束,底端固定。开切眼位于右边 150 m 处,每步开挖 10 m。数值模拟模型中各岩层的力学性质服从韦伯统计分布,岩层的力学参数见表 5-2。

表 5-2 平煤五矿煤岩层力学参数

岩性	密度 /(kg/m)	厚度 /m	弹性模量 /GPa	泊松比	抗压强度 /MPa	摩擦角 /(°)	压拉比
等效重块 1	65 000	15	18 000	0.4	130	37	8
等效重块 2	45 000	15	20 000	0.32	160	36	8
砂岩 1	2 350	20	10 000	0.25	100	32	9
砂岩 2	2 350	20	10 000	0.28	100	32	9
砂岩 3	2 400	20	9 000	0.26	95	36	9
细砂岩	2 850	10	8 000	0.32	90	34	9
粉砂岩	2 500	20	7 500	0.35	75	35	10
细砂岩	2 850	10	8 000	0.35	90	34	10
砂质泥岩	2 300	15	6 000	0.32	70	36	11
中粒砂岩	2 490	15	8 000	0.29	85	32	12
砂质泥岩	2 350	6	5 600	0.31	00	36.1	10
煤层己$_{15}$	1 550	1.5	1 800	0.39	20	31	10
砂质泥岩	2 300	15	6 000	0.32	70	36	11
细粒砂岩	2 500	2	8 000	0.3	50	30	10
砂质泥岩	2 300	15	6 000	0.32	70	36	11
煤层己$_{16,17}$	1 800	4	2 200	0.38	25	32	9
泥岩	2 600	2	2 620	0.31	35	29.5	10
砂质泥岩	2 300	15	6 000	0.32	70	36	11
泥灰岩	2 610	2	3200	0.34	55	36	10
砂质泥岩	2 300	15	6 000	0.32	70	36	11
砂岩	2 400	20	9 000	0.26	95	36	9
底部砂岩	3 200	35	12 000	0.28	128	31	10

5.2.2 保护层及被保护层应力变化规律

保护层回采过程中顶底板主应力和剪应力动态演化过程分别见图 5-19 和图 5-20。沿保护层己$_{15}$煤层和被保护层己$_{16,17}$煤层作剖面(图 5-18),提取支承压力曲线和剪应力曲线分别见图 5-21～图 5-24。数值模拟结果表明:

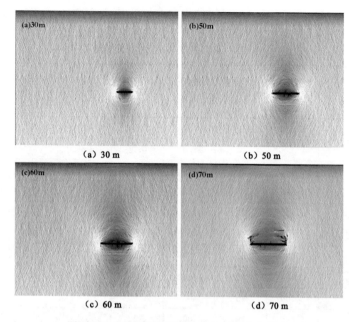

图 5-19　保护层回采过程中主应力分布规律

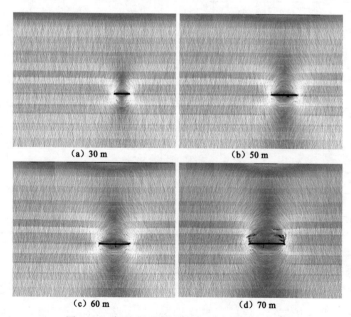

图 5-20　保护层回采过程中剪应力分布规律

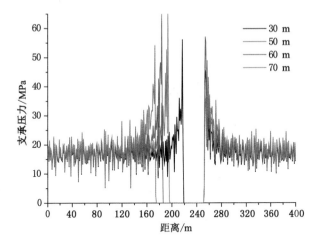

图 5-21 保护层回采己$_{15}$煤层煤壁支承压力动态分布规律

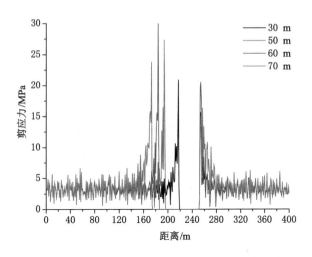

图 5-22 保护层回采己$_{15}$煤层剪应力动态分布规律

（1）在保护层开挖后，工作面附近的煤壁由于开挖卸载而产生应力释放，支承压力值较小；而工作面前方出现应力集中，支承压力表现为先升高，直到最大值后再降低，直到原始应力状态，见图 5-21，同时被保护层的主应力变化趋势与其一致，见图 5-23。

（2）随保护层回采，采空区范围继续扩大，其上方岩梁断裂增多，直接顶开始垮落，应力降低卸压，造成保护层工作面前方煤体应力更加集中，且集中

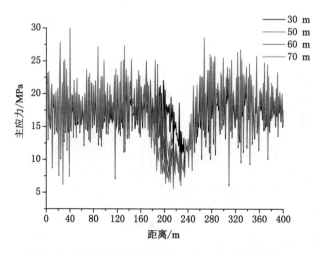

图 5-23　保护层回采被保护层己$_{16、17}$煤层主应力动态分布规律

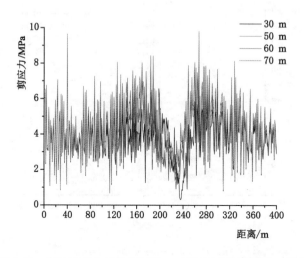

图 5-24　开采过程中被保护层己$_{16、17}$煤层剪应力动态分布规律

值及其系数逐渐增大,使靠近煤壁附近的煤岩层发生塑性破坏而进入塑性状态,使其承载能力降低,从而保护层应力集中带向前推移,即支承应力集中点向前移动,但达到一定程度后这种趋势逐渐稳定。开采 50~60 m 时,煤壁支承应力为原始应力的 4 倍左右,达到最大值约 70 MPa,之后随着工作面的推进,呈现逐渐减小的趋势。

（3）从图 5-23 和图 5-24 可以看出，进入采空区的被保护层支承应力和剪应力迅速降低，此时底板拉剪破坏，出现膨胀底鼓，贯通被保护层裂隙形成，被保护层卸压，煤岩透气性增大，瓦斯解吸。随保护层采空区范围的增大，顶板岩层垮落，趋于压实，被保护层应力有所恢复，但远远小于原始应力状态。而采面前方的被保护层在一定范围内形成与保护层应力集中带相对应的应力集中区，且变化趋势与保护层应力集中带类似。随着保护层采面的不断推进，其应力集中值也逐渐增大，增大到一定程度也趋于稳定。

值得注意的是，保护层和被保护层在采面前方同时出现了应力集中现象，应力的叠加使煤岩层特别是煤层弹性势能增加，而邻近采场区底板已发生压剪破坏，沟通被保护层的裂隙通道初步形成，被保护层瓦斯开始急剧涌入到保护层采场，形成较大的瓦斯压力差，如遇断层等地质构造破坏带或保护层与被保护层层间距较小时，抵抗瓦斯突出的能力降低，容易造成瓦斯突出事故，需提前做好预防措施，见图 5-19（d）和图 5-20（d）。

（4）随保护层开采的进一步推进，保护层顶板应力开始进入采前增压—采后卸压—顶板冒落应力恢复的周期来压阶段。而保护层底板岩体（包括被保护层）与此对应，即压缩—卸压—应力恢复阶段，且随着工作面推进而重复出现。

综上所述，保护层顶板应力分布可以分为原始应力区、应力集中区、卸压区和应力恢复区 4 个区；底板煤岩层应力场也重新分布，引起底板煤岩层压缩、卸压膨胀及破坏，按照变形的性质可以把底板分为未变形区、压缩区、膨胀区和变形恢复区，其中膨胀区又可分为膨胀陡变区和膨胀平稳区，见图 5-25。

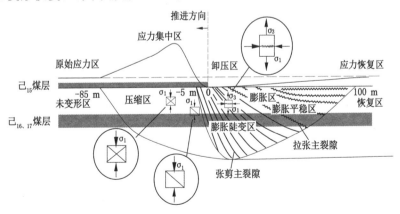

图 5-25　保护层开采应力分区与底板破坏裂隙分布规律示意图（贾天让等，2013）

5.2.3 被保护层变形位移变化规律

保护层开采过程中,下伏的被保护层位于煤柱区的底板发生变形移动,其顶底板岩体受支承压力的作用被压缩而产生垂直向下的位移,而进入采空区的被保护层由于卸压,发生膨胀变形,产生垂直向上的位移。由于受压缩,底板煤岩体将向采空区方向延深而产生水平移动。随着保护层的开采,底板煤岩层变形呈现压缩—膨胀(底鼓)—膨胀量变小的变化规律。煤柱区底板的垂直位移与水平位移的变化趋势是一致的,底板产生最大压缩值时,底板的水平位移也达到最大值。以采场位置为横坐标、煤层位移量为纵坐标,被保护层的垂直位移量见图 5-26(以竖直向下方向为正),水平位移量见图 5-27(以工作面推进方向为正)。保护层开采 30 m 时,进入采空区的被保护层产生垂直位移量为 50 mm,水平位移量(向采空区方向)为 19 mm。随着保护层的推进,被保护层变形量逐渐增加,当回采 70 m 时,采空区内被保护层的最大底鼓量达 154 mm,最大水平位移量(向采空区方向)达 57.8 mm。煤矿现场观测表明,保护层工作面前 80 m 左右,机风两巷开始底鼓变形,工作面向前推进 20 m 范围底鼓严重,不得不重新破底。从侧面证明了模拟结果的可靠性。

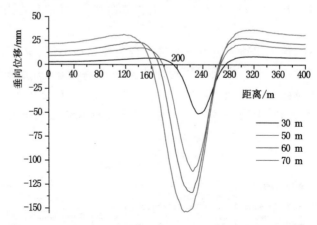

图 5-26 开采过程中被保护层己$_{16、17}$煤层垂直位移分布规律

5.2.4 顶底板变形破坏与裂隙演化规律

保护层的开采,使煤岩层应力重新分布,煤岩层中原生裂隙扩展、次生微裂隙形成及宏观断裂,采空区上覆煤岩层垮落、弯曲下沉,而下伏煤岩层出现曲率各异的上鼓现象。RFPA-Gas 软件用煤岩的弹性模量变化代表其过程,用声发射图(损伤区图)表示煤岩破坏裂隙形成。保护层开采过程中弹性模量分布规律见图 5-28,对应的损伤区的动态发展过程见图 5-29。

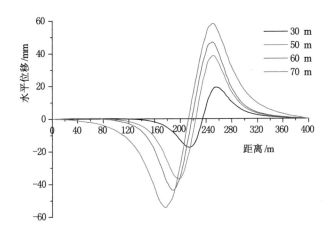

图 5-27 开采过程中被保护层己$_{16,17}$煤层水平位移分布规律

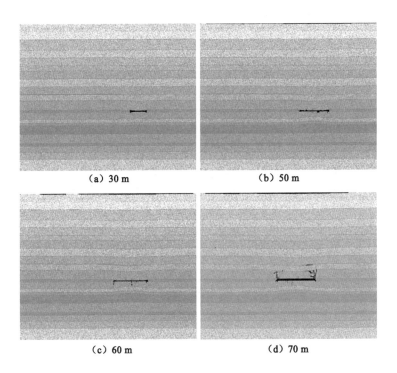

（a）30 m   （b）50 m

（c）60 m   （d）70 m

图 5-28 保护层回采弹性模量动态分布规律

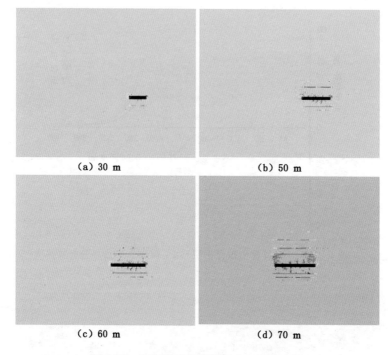

图 5-29　保护层回采损伤区动态发展过程

从图 5-28 和图 5-29 可以看出，切眼形成以后，上覆岩层悬露，在切眼形成前后两个应力集中区，直接顶板部分卸载变形，底板也出现轻微底鼓。随着保护层推进，采空区面积扩大，其上方顶板在自重作用下首先出现拉伸破坏，层与层之间的节理裂隙扩展，出现离层裂隙。保护层推进到 30 m 左右时［见图 5-28(a)和图 5-29(a)］，梁中部开裂形成"假塑性岩梁"，而采空区底板产生拉-剪复合破坏，伴有层间开裂，底板底鼓变形。

当保护层推进至 50 m 左右时［见图 5-28(b)和图 5-29(b)］，由于采空区顶板空顶面积及暴露时间的增加，产生拉伸破坏，离层和垂直裂隙进一步开裂，顶板垮落，表现为初次来压。采空区顶板压力进一步转移到采面前方煤体，造成其应力更加集中，且集中值及其系数逐渐增大，使煤壁处底板发生压剪破坏。同时采空区底板岩层进一步膨胀底鼓，形成由大量垂向和水平方向的张裂隙组成的破裂带。

初次来压后，随着保护层采面不断推进，采空区顶板离层范围不断扩大，推进到 60～70 m 左右时［图 5-28(c)、(d)和图 5-29(c)、(d)］，出现岩梁端部和中部断裂现象,即第一次周期来压,冒落带上方形成裂隙带和弯曲下沉带,采面煤壁应力集中区向前方转移。推进到 70 m 时,保护层冒落带高度一般为 12~16 m,裂隙带的高度一般为 35~41 m(图 5-30)。采空区底板岩体由于卸载作用,其膨胀变形可分为上部的变形破坏带和下部的弹塑性变形带。变形破坏带岩层结构原始性已遭到破坏,其连续性大大减小,出现了层面裂隙和竖向裂隙,形成了裂隙网络(图 5-31),渗透性明显提高,其影响范围在底板下方 8~12 m。下部的弹塑性变形带,虽遭矿压作用,甚至产生弹性或塑性变形,产生裂隙,但基本上仍保持采前的连续性,裂隙不连通,其渗透性能未发生较大的变化。

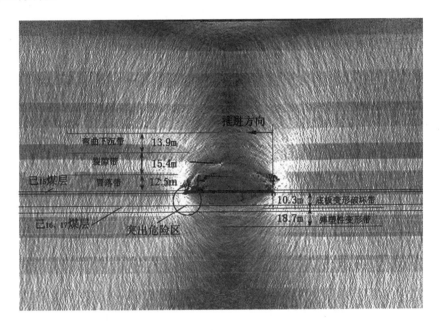

图 5-30　上覆岩层"上三带"与底板岩层"下两带"示意图(Jia et al.,2013)

5.2.5　被保护层透气性变化与瓦斯运移规律

保护层的开采,围岩应力重新分布,形成了上覆岩层"上三带"与底板岩层"下两带",煤岩层的大量裂隙张开,地应力大范围释放,煤岩层透气性成百倍上千倍增加(图 5-32),邻近煤层吸附瓦斯大量解吸,在瓦斯压力差或浓度差作用下,瓦斯运移(垂直方向瓦斯流量见图 5-33),形成新的瓦斯赋存状态(图 5-34)。

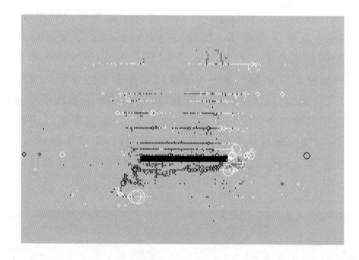

图 5-31　裂隙网络局部细节放大示意图

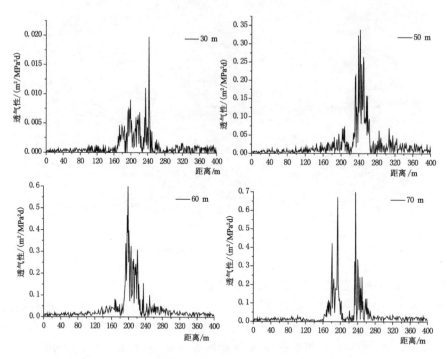

图 5-32　保护层回采过程中被保护层己$_{16,17}$煤层透气性分布规律

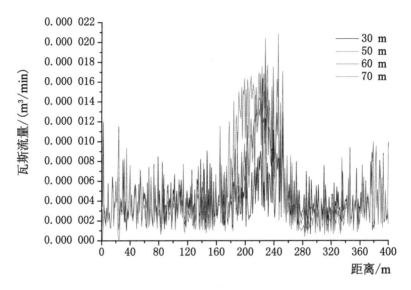

图 5-33   保护层回采过程中被保护层己$_{16、17}$煤层垂直方向瓦斯流量分布规律

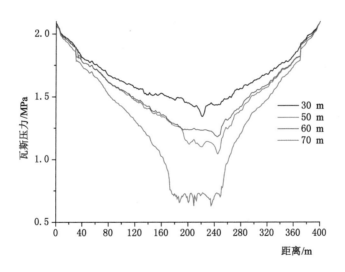

图 5-34   保护层回采过程中被保护层己$_{16、17}$煤层瓦斯压力分布规律

从图 5-32～图 5-34 可以看出,在保护层回采 30 m 时,被保护层透气性有所增加,但不显著,瓦斯渗流缓慢。随着保护层的回采,进入采空区内的被保护层透气性迅速增大,瓦斯渗流速度和流量也随之增大。保护层的进一步推

进,被保护层透气性增大到一定程度后,随着顶板的冒落、重新压实,被保护层透气性又有所降低,同时由于瓦斯渗流动力的降低,瓦斯渗流速度和流量也降低,直至形成新的平衡。值得注意的是,当保护层回采 $60 \sim 70$ m 时,煤壁下方的剪切通道开始形成,在底板变形破坏带范围,透气性大大提高,形成高瓦斯压力梯度,瓦斯渗流速度和流量也迅速升高,即"卸压增流效应",易引起瓦斯突出或瓦斯浓度超限。保护层回采 70 m 时,在不考虑瓦斯抽采的情况下,被保护层的瓦斯压力已降到原始瓦斯压力的 28.6%(0.6 MPa 以下),再考虑瓦斯抽采,被保护层突出危险性已彻底消除。

5.2.6 保护层底板渗流区区划

综合煤层应力变化状态(图 5-21～图 5-24)、变形位移特征(图 5-26、图 5-27)和裂隙分布发育情况(图 5-20～图 5-23),考虑被保护层煤层透气系数的变化特征(图 5-32 和图 5-35)和瓦斯渗流速度(图 5-33)、瓦斯压力(图 5-34),按瓦斯渗流速度,将近距离保护层底板分为 4 个渗流区(图 5-36),同时分别对应着不同应力状态和裂隙发育的四区:原始应力区煤岩透气性不变,裂隙不发育,瓦斯渗流速度没有改变,属于原始渗流区;压缩区位于开切眼和煤壁附近,煤岩体以压剪破坏为主,部分裂隙闭合,煤岩层透气性有所降低,瓦斯渗流速度也有所降低,属渗流减速减量区;卸压膨胀陡变区靠近采场附近,以张剪破坏为主,由于初始形成沟通被保护层的裂隙网络,且瓦斯压力梯度大,瓦斯渗速度和流量也迅速升高,属渗流急剧增速增量区;卸压膨胀平稳区位于采空区,以拉张和原位张裂及离层底鼓为主,随顶板冒落,应力有所恢复,没有煤岩其透气性有所降低,但远大于原始煤岩透气性,瓦斯平稳涌出,属于渗流平稳增量区。瓦斯渗流急剧增速增量区具有突出危险性。

5.2.7 现场验证

在保护层己$_{15}$-23190、己$_{15}$-23210 和己$_{15}$-23220 回采期间,对被保护层煤层变形、煤层瓦斯压力(瓦斯含量反演)、钻孔瓦斯流量进行了现场考察,考察结果见图 5-37。

从图 5-37 可以看出:

(1) 被保护层己$_{16,17}$煤层原始应力区位于工作面前方 30 m 以外,此带内瓦斯动力参数保持其原始数值,属于瓦斯原始渗流区。

(2) 被保护层己$_{16,17}$煤层应力集中区位于工作面前方 $5 \sim 30$ m 以内,最大压缩变形值 $\varepsilon_{max}=0.5‰$。由于集中应力的作用,部分裂隙闭合,透气性降低,这就使得本来就不大的瓦斯流量更趋减小,此区属于瓦斯减速减量区。

(3) 当保护层己$_{15}$煤层工作面推到观测钻孔前 5 m 左右时,被保护层

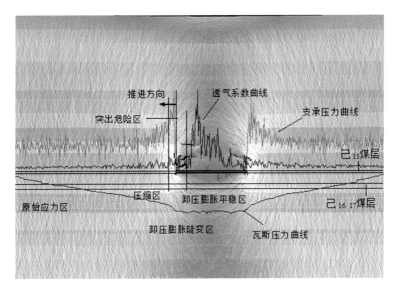

图 5-35 保护层开采底板应力分区与被保护层透气性(Jia et al.,2013)

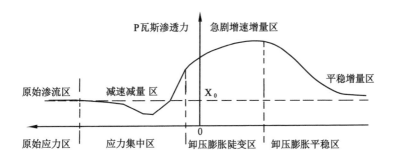

图 5-36 保护层底板瓦斯渗透力变化趋势与渗流区划分(Jia et al.,2013)

己$_{16,17}$煤层开始卸压,膨胀变形速度加快。在己$_{15}$-23220 保护层工作面采场底板进行了 10 余组瓦斯浓度测定,瓦斯浓度都在 20% 以上(表 5-3),说明由于采场底板沟通被保护层的裂隙网络已经形成,大量解吸瓦斯涌入到保护层采场。在保护层工作面后方 15~25 m 处,流量达到 0.5~1.0 m³/min,此区属于瓦斯急剧增速增量区。当距保护层工作面后方 30~40 m 时,达到最大膨胀变形值 $\varepsilon_{e\ max}$=6‰。

(4) 保护层工作面大约推进 40 m 以后,采空区顶板冒落并逐渐被压实,但应力值已小于原始应力值,煤层仍保留一定的膨胀变形。

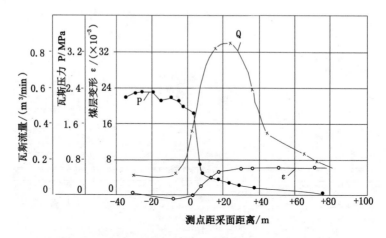

图 5-37　保护层开采被保护层煤层变形与瓦斯参数变化

表 5-3　保护层己₁₅-23220 采场底板瓦斯浓度分布[193]

序号	距风巷距离/m	瓦斯浓度/%	序号	距风巷距离/m	瓦斯浓度/%
1	10	28	6	60	23
2	20	26	7	70	24
3	30	26	8	80	22
4	40	25	9	90	23
5	50	25	10	100	21

5.3　本章小结

本章采用 RFPA-GAS 软件和 FLAC 3D 软件,结合平煤五矿瓦斯地质条件,在不考虑瓦斯抽采的条件下,探讨了保护层开采期间瓦斯运移的力学机制,分析了保护层开采突出危险区分布和保护层开采卸压增透机理及瓦斯渗流规律,并进行了保护层底板渗流区划分。具体成果如下:

(1) 利用 FLAC 3D 软件分析了上保护层掘进过程中由于巷道开挖引起的煤岩应力、应变能和塑性区分布规律及位移,认为在上保护层掘进遇到构造破坏带或保护层与被保护层层间距较小时,抵制瓦斯突出的能力减小,在地应力、采动应力和瓦斯压力共同作用下,容易引发瓦斯突出;同时,由于巷道开挖引起卸荷效应而产生了拉破坏,巷道底板出现底鼓,产生大量裂隙与被保护层沟通,从而被保护层的卸压瓦斯大量涌入到保护层,为保护层掘进瓦斯治理提供了方向。

(2)采用理论分析和 RFPA-GAS 软件及 FLAC 3D 软件模拟的方法,研究了上保护层回采时瓦斯突出危险区位置。受保护层己$_{15}$煤层的采动影响,卸压膨胀陡变带初步形成沟通被保护层的裂隙网络,同时前方较高的垂直应力集中,使被保护层己$_{16、17}$煤层的应力较高,遇断层或岩柱较小时,在地应力、采动应力及瓦斯压力的共同作用下,最易发生煤与瓦斯突出,同时指出顶板初次来压时,容易诱发瓦斯突出危险。

(3)综合煤层应力变化状态、变形位移特征和裂隙分布发育情况,考虑被保护层煤层透气系数的变化特征和瓦斯渗流速度、瓦斯压力,按瓦斯渗流速度,将近距离保护层底板分为 4 个渗流区,同时分别对应着不同应力状态和裂隙发育的四区:原始应力区煤岩透气性不变,裂隙不发育,瓦斯渗流速度没有改变,属于原始渗流区;压缩区位于开切眼和煤壁附近,煤岩体以压剪破坏为主,部分裂隙闭合,煤岩层透气性有所降低,瓦斯渗流速度也有所降低,属渗流减速减量区;卸压膨胀陡变区靠近采场附近以张剪破坏为主,由于初始形成沟通被保护层的裂隙网络,且瓦斯压力梯度大,瓦斯渗速度和流量也迅速升高,属渗流急剧增速增量;卸压膨胀平稳区位于采空区,以拉张和原位张裂及离层底鼓为主,随顶板冒落,应力有所恢复,没有煤岩其透气性有所降低,但远大于原始煤岩透气性,瓦斯平稳涌出,属于渗流平稳增量区。瓦斯渗流急剧增速增量区具有突出危险性。

6 保护层开采瓦斯运移力学机制的工程实践

运用瓦斯赋存构造逐级控制理论的力学解释,研究了平顶山矿区瓦斯赋存规律,发现矿区西部五矿等井田己$_{16、17}$煤层受挤压剪切作用强烈,煤体破坏严重,构造煤发育,瓦斯含量高,煤与瓦斯突出严重;而己$_{15}$煤层受挤压剪切作用相对较弱,构造煤不发育,瓦斯含量低,属于弱突出煤层;因此,己$_{15}$煤层具备作为己$_{16、17}$煤层保护层开采的条件。选择五矿作为试验矿井,依据保护层开采瓦斯运移的力学机制研究成果,分别制定了保护层掘进和回采期间瓦斯抽采及其他相关措施,保证了保护层安全高效开采,考察了被保护层开采效果。研究成果的应用,实现了近距离保护层开采条件下煤与瓦斯安全高效共采。

6.1 试验矿井瓦斯地质概况

6.1.1 地质情况

井田内含煤 81 层,常见 43 层,煤层总厚度约 27 m。可采 5 层,总厚度为 17.24 m,由上而下为丁$_{5、6}$、戊$_8$、戊$_{9、10}$、己$_{16、17}$、庚$_{20}$;局部可采煤层为丙$_3$、己$_{14}$、己$_{15}$、庚$_{21}$。煤岩层总体走向南东 $130°\sim155°$,倾向北东 $40°\sim45°$,倾角 $5°\sim30°$,一般为 $15°$ 左右。

己$_{15}$煤层位于山西组下部,上距砂锅窑砂岩 K_5 $39\sim81$ m,平均 60 m。己$_{15}$煤呈块状、鳞片状、粒状,硬度 $1\sim2$,煤层结构简单,区内未见夹矸。己$_{16、17}$煤层距己$_{15}$煤层 $2\sim28$ m,平均 18 m。己$_{16、17}$煤多呈块状、粒状,间或有鳞片状,易碎为粉末。煤层结构含夹矸 $1\sim3$ 层,多数为 1 层。己$_{15}$和己$_{16、17}$综合柱状图见图 5-1,煤层对比见表 6-1。

表 6-1 五矿己$_{15}$和己$_{16、17}$煤层对比

煤层	煤厚/m	伪顶及其厚度	直接顶及其厚度	基本顶及其厚度	底板
己$_{15}$	$\dfrac{0.1\sim6.37}{1.50}$	碳质泥岩	5～10 m 厚泥岩或砂质泥岩	10～20 m 厚中粒砂岩	己$_{16、17}$顶板
己$_{16、17}$	$\dfrac{0.61\sim17.5}{3.5}$	0.2～0.5 m 厚碳质泥岩	约 10 m 厚泥岩和细砂岩互层	5～8 m 厚细～中粒砂岩	4.8～10 m 厚泥岩或砂质泥岩

6.1.2 瓦斯情况

己$_{15}$煤层和己$_{16、17}$煤层瓦斯压力和瓦斯含量情况见表 6-2 和表 6-3。己$_{15}$煤层相对己$_{16、17}$煤层瓦斯含量较小,标高－696 m 时为 11.29 m^3/t,瓦斯压力标高－800 m 时为 1.2 MPa,经河南理工大学鉴定己三采区己$_{15}$煤层标高－650 m 以深具有突出危险性。己$_{16、17}$煤层瓦斯含量高,己$_{16、17}$-23131 机车场标高－425 m 处瓦斯含量 16.64 m^3/t,瓦斯压力大,己三轨道下延标高－650 m 处瓦斯压力 2.7 MPa,为严重突出煤层,共发生 13 次煤与瓦斯突出(表 6-4)。己$_{16、17}$透气性差(煤层透气性系数 λ＝0.002 mD),百米钻孔抽放量 0.01 m^3,属于难抽采煤层。

表 6-2 五矿己$_{15}$和己$_{16、17}$煤层瓦斯压力

地 点	测定煤层	标高/m	瓦斯压力/MPa
32020 掘进巷开口里 150 m	己$_{15}$	－650	0.82
己二扩大下轨道巷下沿 350 m	己$_{15}$	－700	1.06
己二扩大下轨道巷下沿 650 m	己$_{15}$	－750	1.12
己二扩大下轨道巷下沿 750 m	己$_{15}$	－800	1.2
己$_{16、17}$-23131	己$_{16、17}$	－452	1.85
轨道下延底车场	己$_{16、17}$	－650	2.7
己二扩大出煤道	己$_{16、17}$	－318	1.15
己二扩大回风下山	己$_{16、17}$	－430	1.6
己$_{16、17}$-22280 机巷	己$_{16、17}$	－457	1.7
己四辅助回风下山	己$_{16、17}$	－459	1.35

表 6-3　五矿己$_{15}$和己$_{16、17}$煤层瓦斯含量

序号	地点	煤层	标高/m	瓦斯含量/(m³/t)
1	己四采区辅助回风下山	己$_{15}$	−467	10.48
2	己四采区轨道下山反上山距轨回联口 24 m	己$_{15}$	−696	11.29
3	己四辅助回风下山	己$_{15}$	−459	10.49
4	己三变电所	己$_{16、17}$	−370	11.50
5	己$_{17}$-23131 机车场	己$_{16、17}$	−425	16.64

《煤矿安全规程》规定"矿井中所有煤层都有突出危险时,应当选择突出危险程度较小的煤层作保护层。……应当优先选择上保护层"。《防治煤与瓦斯突出细则》规定:"具备开采保护层条件的突出危险区,必须开采保护层。"综上所述,己$_{15}$煤层虽具有突出危险性,但其危险性比己$_{16、17}$煤层小,因此,己$_{15}$煤层具备作为己$_{16、17}$煤层的上保护层的优越条件。

表 6-4　五矿瓦斯突出点统计表

序号	突出点位置	突出时间	标高/m	垂深/m	强度/t	涌出瓦斯量/m³	类型
1	己$_{16、17}$-22161 机巷	1989.9.22	−290	406	20	1287	压出
2	己$_{16、17}$-21150 机巷	1993.1.20	−224	340	20	190	倾出
3	己$_{16、17}$-21150 机巷	1993.2.6	−224	340	7	54	倾出
4	己$_{16、17}$-21150 机巷	1993.2.14	−224	340	7	42	倾出
5	己$_{16、17}$-22200 机巷	1993.5.4	−314	440	12	1178	倾出
6	己$_{16、17}$-22200 机巷	1993.5.19	−314	440	11	1221	倾出
7	己$_{16、17}$-22200 机巷	1993.9.22	−310	435	10	4350	压出
8	己$_{16、17}$-22281 风巷	2000.7.19	−420	542	10	250	倾出
9	己$_{16、17}$-23200 机巷	2002.8.13	−536.8	872.8	123	9800	突出
10	己$_{16、17}$-22300 切眼	2000.7.19	−544	664	23	196	倾出
11	己三轨下车场	2003.8.6	−650	866.3	128	3500	压出
12	己$_{16、17}$-22260 探煤巷	2005.3.23	−420	540	11	299	压出
13	己$_{16、17}$-22320 风巷	2006.3.19	−479	599	8	271	压出

6.2 掘进瓦斯抽采技术

为消除保护层本煤层的瓦斯突出危险,制订了顺层递进式预抽区段瓦斯的方案。同时,由第 5 章研究成果可知,保护层掘进遇到构造破坏带或保护层与被保护层层间距较小时,具有瓦斯突出危险,为此制定了探构造与探层间距措施;巷道底板底鼓,产生大量与被保护层沟通的裂隙,被保护层的大量卸压瓦斯沿这些裂隙涌入到保护层,为此制定了穿层钻孔瓦斯抽采方法。

6.2.1 顺层递进式预抽区段瓦斯技术及探构造措施

利用己$_{15}$-23210 工作面的机巷及机车场向己$_{15}$煤层施工倾向顺层钻孔对下区段 100 m 范围进行预抽,钻孔俯角 8°～12°,方位角 28°,开口位置距己$_{15}$煤层顶板 0.7 m,钻孔布置见图 6-1。钻孔施工完毕预抽达到要求后,在区域治理有效范围内布置下区段瓦斯抽采巷。在瓦斯抽采巷,施工同样参数的钻孔对下区段 100 m 范围进行区域治理。在钻孔施工过程中,详细记录钻孔钻屑岩性、钻进速度等以判断是否存在断层及褶皱。

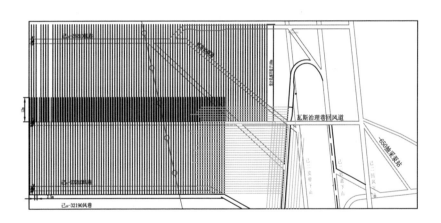

图 6-1　顺层递进式预抽区段瓦斯钻孔布置示意图

6.2.2 探层间距措施

己$_{15}$煤层与己$_{16,17}$煤层层间距为 3.3～17 m,掘进期间,每间隔 6 m 施工 2 个孔深 10 m 的探层间距钻孔;每 30 m 在巷道中央向前施工一个俯角 30°探煤孔,钻孔打至己$_{16,17}$煤层底板 0.5 m,钻孔参数见图 6-2。

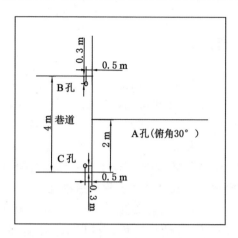

图 6-2　探层间距钻孔示意图

6.2.3　穿层钻孔瓦斯抽采

当保护层巷道底板距被保护层已$_{16、17}$煤层小于或等于 5.0 m 时,采用穿层钻孔抽采已$_{16、17}$煤层瓦斯的防突措施,效检指标不超后方可进行掘进作业。穿层钻孔布置示意见图 6-3,钻孔参数以层间距为 5.0 m 和被保护层厚度为3.5 m 计算结果,见表 6-5,实际中应根据实际层间距和被保护层厚度调整。

表 6-5　穿层瓦斯抽采钻孔参数

孔号	俯角/(°)	方位角/(°)	孔长/m	孔号	俯角/(°)	方位角/(°)	孔长/m
1	24	53	10.99	13	41	5	12.13
2	24	43	10.35	14	41	15	12.31
3	24	29	10.35	15	41	25	12.67
4	24	6	9.69	16	41	33	13.22
5	24	12	9.71	17	51	24	16.18
6	24	31	9.96	18	51	17	16.18
7	24	45	10.44	19	51	10	15.46
8	24	54	11.11	20	51	3	15.32
9	41	34	13.29	21	51	4	15.33
10	41	29	12.74	22	51	11	15.49
11	41	17	12.35	23	51	18	15.80
12	41	6	12.15	24	51	25	16.27

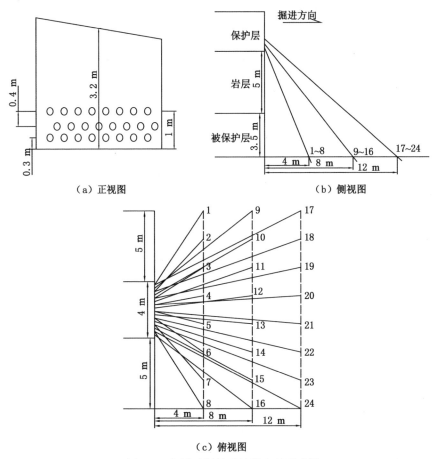

（a）正视图　　　　　　　　（b）侧视图

（c）俯视图

图 6-3　穿层瓦斯抽采钻孔布置示意图

6.3　回采瓦斯抽采技术

由第 5 章研究成果可知,受保护层采动影响,保护层底板卸压膨胀陡变带初步形成裂隙网络,被保护层瓦斯急剧增速增量涌入保护层,该区具有瓦斯突出危险,针对此问题制定了采场瓦斯抽采技术措施;而进入采空区卸压膨胀趋于平稳,被保护层大量卸压瓦斯涌入到保护层采空区,受瓦斯本身物理特性和风流影响,采面上隅角瓦斯易聚集,使瓦斯浓度超限,采用上隅角瓦斯抽采的方法解决此问题。

6.3.1　采场瓦斯抽采技术

曾在己$_{15}$-23190保护层工作面采场施工了两个实验钻孔,一个钻孔位于25架处,倾角45°,8 m见煤,孔口清理干净后,将浅孔封孔器完全插入钻孔,瓦斯呼呼往外冒,手放孔口处有顶手感,瓦斯浓度100%。由于当时没有开瓦斯抽采泵,没有测抽采负压、浓度、流量;另一钻孔位于122架处,倾角65°,5.5 m见煤,孔口清理干净后,将浅孔封孔器完全插入钻孔,连上孔板流量计,测得参数见表6-6。

表6-6　己$_{15}$-23190采场瓦斯抽采参数考察结果

抽采时间/h	孔板压差/Pa	抽采负压/kPa	抽采浓度/%	抽采量/(m³/min)	抽采纯量/(m³/min)	备注
0.5	343	0.392	100	0.214	0.214	由于抽采管路负压小,此处表现为正压
1.0	333.2	0.294	100	0.211	0.211	
1.5	284.2	0.098	100	0.195	0.195	
2.0			100			钻孔内有水,无法测孔板压差和抽采负压
2.5			100			

从上两次试验结果可以看出,近距离保护层采场瓦斯主要来源于被保护层,在采场底板施工穿层钻孔抽采卸压瓦斯是保证保护层安全回采的关键技术。

钻孔沿采面布置,钻孔参数见图6-4,钻孔进入被保护层底板0.5 m停止。在断层破碎带或层间距小于5.0 m时钻孔密度应适当加大。以后每个作业循环施工钻孔只按第一排参数施工。

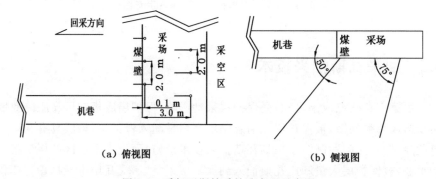

（a）俯视图　　　　　　　　（b）侧视图

图6-4　采场瓦斯抽采钻孔布置示意图

6.3.2　上隅角瓦斯抽采技术

结合五矿实际,采用埋管法抽采保护层采空区瓦斯,防止瓦斯浓度超限(图 6-5)。

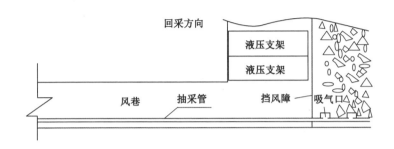

图 6-5　上隅角瓦斯抽采系统布置示意图

6.4　煤与瓦斯共采效果

采取上述瓦斯抽采技术保证了保护层的安全高效采掘,目前己$_{15}$-23190、己$_{15}$-23210、己$_{15}$-23220 和己$_{15}$-23230 共 4 个保护层工作面已经回采结束,己$_{15}$-23260 正在回采,己$_{15}$-23240 正在掘进;被保护层己$_{16,17}$-23190、己$_{16,17}$-23210、己$_{16,17}$-23220 已经回采结束,己$_{16,17}$-23230 正在回采,己$_{16,17}$-23260 正在掘进。以保护层己$_{15}$-23210 工作面和被保护层己$_{16,17}$-23210 工作面为例说明煤气共采效果。

保护层己$_{15}$-23210 工作面煤炭储量 67.5 万 t,原始瓦斯含量 8.4 m^3/t,瓦斯资源量 567 万 m^3,可解吸瓦斯量 330.75 万 m^3(残存瓦斯含量按 3.5 m^3/t 算)。保护层己$_{15}$-23210 工作面开采期间累计抽采瓦斯 462.4 万 m^3;掘进期间瓦斯浓度 0.3%～0.8%,累计瓦斯涌出量 195.5 万 m^3,掘进期间瓦斯涌出量见表6-7;回采期间瓦斯浓度 0.4%～0.8%,平均 0.64%,累计瓦斯涌出量 772.7 万 m^3,回采期间瓦斯涌出、抽采量见表 6-8;瓦斯涌出量加瓦斯抽采量总计1 430.6 万 m^3,是保护层工作面瓦斯资源量的 2.5 倍,是其可解吸瓦斯量的4.33倍,可见保护层开采期间被保护层约 1 100.05 万 m^3 瓦斯涌出或被抽采出来。

表 6-7　保护层己$_{15}$-23210 工作面掘进期间瓦斯涌出量

巷道	时间	瓦斯浓度/%	配风量/(m³/min)	绝对瓦斯涌出量/(m³/min)	巷道	时间	瓦斯浓度/%	配风量/(m³/min)	绝对瓦斯涌出量/(m³/min)
机巷	2007.01	0.6	285	1.71	回风巷	2007.04	0.3	298	0.89
	2007.02	0.5	528	2.64		2007.05	0.7	280	1.96
	2007.03	0.6	491	2.95		2007.06	0.5	388	1.94
	2007.04	0.8	504	4.03		2007.07	0.45	408	1.84
	2007.05	0.7	469	3.28		2007.08	0.7	383	2.68
	2007.06	0.74	475	3.52		2007.09	0.5	383	1.92
	2007.07	0.5	413	2.07		2008.01	0.5	373	1.87
	2007.08	0.4	413	1.65		2008.02	0.4	373	1.49
	平均	0.61	447.25	2.73		平均	0.51	360.75	1.82

表 6-8　保护层己$_{15}$-23210 工作面回采瓦斯涌出量与瓦斯抽采量

时间	瓦斯浓度/%	配风量/(m³/min)	绝对瓦斯涌出量/(m³/min)	月瓦斯抽采量/万 m³
2009.01	0.7	1 750	12.25	42.38
2009.02	0.7	1 760	12.32	79.85
2009.03	0.6	1 618	9.71	60.99
2009.04	0.75	1 368	10.26	56.65
2009.05	0.4	1 513	6.05	43.71
2009.06	0.7	1 404	9.83	23.22
2009.07	0.75	1 341	10.06	19.53
2009.08	0.6	1 370	8.22	21.53
2009.09	0.4	1 310	5.24	4.63
2009.10	0.4	1 320	5.28	16.49
2009.11	0.5	1 230	6.15	17.17
2009.12	0.7	1 692	11.84	21.20
2010.01	0.8	1 677	13.42	41.36
2010.02	0.78	1 808	14.10	50.62
2010.03	0.76	1 817	13.81	44.53
2010.04	0.7	1 812	12.68	52.78

被保护层己$_{16,17}$-23210 工作面煤炭储量 105 万 t,保护层开采前,煤层原始瓦斯含量预测 21.8 m³/t,瓦斯压力 2.4 MPa,瓦斯资源量 1 837.5 万 m³;保护层开采后,煤层瓦斯含量 7.5 m³/t,经区域效果检验后被保护层己$_{16,17}$-23210 工作面已经消除突出危险性。掘进期间,执行探构造措施和区域验证措施,瓦斯浓度 0.2%~0.5%,区域验证指标没有超标现象;机巷及切眼月掘进 108~236 m,平均 184.4 m,风巷月掘进 146~317 m,平均 219.8 m(表 6-9)。回采期间,为防止上隅角瓦斯浓度超限采取了上隅角瓦斯抽采;工作面瓦斯浓度 0.25%~0.4%,平均 0.35%;工作面日产量 1 712~3 017 t,平均 2 578 t,而工作面没有受到保护的区域日产量仅 700 t 左右(表 6-10)。

表 6-9　被保护层己$_{16,17}$-23210 工作面掘进期间瓦斯涌出量和掘进速度

巷道	时间	瓦斯浓度/%	绝对瓦斯涌出量/(m³/min)	月进尺/m	巷道	时间	瓦斯浓度/%	绝对瓦斯涌出量/(m³/min)	月进尺/m
风巷	2010.07	0.2	0.66	208	机巷	2010.07	0.3	1.29	215
	2010.08	0.3	1.34	278		2010.08	0.4	1.70	160
	2010.09	0.4	1.89	317		2010.09	0.3	1.25	235
	2010.10	0.5	2.13	150		2010.10	0.2	0.86	122
	2010.11	0.4	1.64	146		2010.11	0.4	1.78	215
	2010.12	0.3	1.32	210		2010.12	0.4	1.70	236
	平均	0.35	1.50	218.2		平均	0.33	1.43	197.17

表 6-10　被保护层己$_{16,17}$-23210 工作面回采瓦斯涌出量和产量

时间	瓦斯浓度/%	配风量/(m³/min)	绝对瓦斯涌出量/(m³/min)	平均日产量/t
2011.05	0.25	1 801	4.50	1 771
2011.06	0.3	2 028	6.08	2 615
2011.07	0.3	2 268	6.80	3 001
2011.08	0.3	2 305	6.92	2 886
2011.09	0.3	2 398	7.19	1 794
2011.10	0.4	1 883	7.53	2 671
2011.11	0.3	1 965	5.90	2 834
2011.12	0.4	1 792	7.17	2 655

表 6-10(续)

时间	瓦斯浓度 /%	配风量 /(m³/min)	绝对瓦斯涌出 /(m³/min)	平均日产量 /t
2012.01	0.4	1 848	7.39	2 981
2012.02	0.3	1 769	5.31	2 580
2012.03	0.4	1 872	7.49	2 709
2012.04	0.35	1 861	6.51	3 017
2012.05	0.4	1 701	6.80	2 866
2012.06	0.4	1 788	7.15	1 712
2012.07	0.4	1 750	7.00	756
2012.08	0.4	1 810	7.24	620
2012.09	0.35	1 670	5.85	700

注:2012 年 7—9 月为工作面未受保护层保护的区域数据。

与己$_{16、17}$-23210 工作面几乎同埋深的己$_{16、17}$-23200 工作面没有开采保护层,其机巷掘进期间,在采取局部防突措施的情况下,突出预测指标多次超过《防治煤与瓦斯突出细则》规定的临界值,措施重复率高,瓦斯浓度 0.2%～0.6%,平均月进尺不到 95 m 左右(表 6-11)。2002 年 8 月 13 日,机巷掘进至 390 m 时发生了瓦斯突出,造成 6 人死亡。工作面日产量仅 886～2 893 t,平均 1 496 t。

表 6-11　己$_{16、17}$-23200 机巷掘进期间瓦斯涌出量和掘进速度

时间	瓦斯浓度 /%	绝对瓦斯涌出量 /(m³/min)	月进尺 /m	时间	瓦斯浓度 /%	绝对瓦斯涌出量 /(m³/min)	月进尺 /m
2002.05	0.4	1.68	105	2002.12	0.5	2.32	108
2002.06	0.6	3.57	98	2003.01	0.5	2.11	118
2002.07	0.3	2.16	87	2003.02	0.6	2.28	65
2002.08	0.3	1.51	85	2003.03	0.5	1.95	78
2002.09	0.3	0.83	82	2003.04	0.5	1.87	91
2002.10	0.2	1.01	70	2003.05	0.4	1.69	94
2002.11	0.5	2.42	58	2003.06	0.4	1.34	110

综上所述,保护层范围内的工作面比没有保护层开采的工作面平均月掘进速度提高了 2 倍以上,工作面平均日产量提高了 1.7 倍。保护层工作面的开采不仅实现了煤气共采,而且实现了安全高效开采。

6.5 本章小结

本章利用保护层开采瓦斯运移力学机制研究成果,结合五矿生产实际条件,有针对性地制定了保护层掘进、回采期间瓦斯抽采措施,保证了保护层采掘安全;统计了保护层、被保护层采掘期间瓦斯浓度、瓦斯涌出量、瓦斯抽采量等参数,分析了煤与瓦斯共采效果。具体成果如下:

(1) 保护层掘进期间,为消除保护层本煤层的瓦斯突出危险,制定并实施了顺层递进式预抽区段瓦斯措施;为消除被保护层向保护层突出的危险,制定并实施了探构造与探层间距措施和穿层钻孔瓦斯抽采措施。

(2) 保护层回采期间,为消除被保护层向保护层采场大量涌出甚至突出瓦斯的危险,提出了采场瓦斯抽采技术;为消除上隅角瓦斯浓度超限隐患,制定实施了上隅角瓦斯抽采措施。上述瓦斯抽采措施使己$_{15}$-23190 等 4 个保护层工作面实现了安全高效采掘。

(3) 考察了保护层开采效果。保护层开采后,消除了被保护层瓦斯突出危险性,月掘进速度提高了 2 倍以上,工作面平均日产量提高了 1.7 倍,且没有发生瓦斯事故,实现了煤与瓦斯高效共采。

7 结论与创新点

7.1 结论

瓦斯既是煤矿重要的致灾因素之一,又是重要的清洁能源。导致瓦斯灾害频发的根本原因是瓦斯赋存规律认识不清,其直接原因是对开采期间的瓦斯运移规律认识不清。针对此问题,本书从力学分析的角度出发,以不同地质条件下的力学分析为主线,围绕煤矿瓦斯赋存和运移的力学机制及应用开展研究,获得的主要结论如下:

(1) 完善了瓦斯赋存构造逐级控制理论的力学解释。分离出构造挤压剪切区和拉张裂陷区,并结合平顶山、焦作等矿区瓦斯赋存情况分析了挤压剪切作用对瓦斯赋存的控制,结合汾渭、冀中等地区瓦斯赋存情况,分析了拉张裂陷作用对瓦斯赋存的控制。瓦斯赋存受地质构造及其演化控制;构造应力场的性质控制着构造的性质、范围和强度,高级别构造应力场控制低级别构造应力场。通过研究各期构造运动及现代构造应力对构造形成与性质、煤体物理力学性质、围岩等的影响,分离出构造挤压剪切区和拉张裂陷区。挤压剪切作用易破坏煤体、降低煤的强度而形成构造煤,煤层透气性降低,瓦斯的运移和逸散受到阻隔,有利于瓦斯保存,形成瓦斯富集区,控制着瓦斯突出危险区分布;拉张裂陷作用使应力释放,煤岩层透气性变好,有利于瓦斯释放,形成低瓦斯煤层和低瓦斯矿井。

(2) 通过理论分析、数值计算和现场验证的方法研究了构造应力作用下断层对瓦斯赋存的影响。无论是正断层还是逆断层都可能存在煤与瓦斯突出危险,主要取决于构造演化过程中形成的构造煤厚度、断层走向与现代构造应力作用方向的关系。断层走向与最大主应力平行时,应力释放,煤层透气性较好,有利于瓦斯释放,但断层尖灭端出现应力集中,瓦斯保存条件相对较好,需预防瓦斯事故;随着断层走向与主应力方向夹角的增大,挤压应力影响范围随之增大,突出危险范围也随之增大;断层走向与最大主应力垂直时,有利于断层形成应力闭合空间,煤层渗透性低,从而形成大的瓦斯富集区,突出危险性最大。

(3) 通过理论分析、数值计算并结合现场实际,研究了构造应力作用下褶皱构造对瓦斯赋存的影响。在褶皱形成过程中,由于不同构造部位煤岩力学性质的差异,纵弯作用不仅促使煤岩沿煤层发生层间滑动,而且使煤层局部增厚,为瓦斯赋存提供了空间和载体;由于层间剪切及夹矸造成的局部应力集中,破碎煤体,形成一定厚度的构造煤,局部可能全层发育,降低了抵制瓦斯突出的能力。在现代应力场作用下,由于煤层和围岩力学性质相差较大,层间变形不同步,使背斜两翼一定范围内剪应力集中,增加了煤体的弹性能,是该带瓦斯突出严重的主要原因。

(4) 运用板块构造理论和构造演化理论,结合煤矿实际揭露地质资料,系统研究了华北赋煤区煤系构造变形特征。华北板块演化及其与周缘板块之间的相互作用,制约着华北赋煤区煤层的形成、变形和赋存,控制着煤矿瓦斯的生成、运移和保存,控制着构造煤的形成和分布。华北赋煤区边缘的现今构造以挤压型构造为主,是相邻板块碰撞的挤压应力波及板内的产物,煤系变形强度具有向板内减弱的趋势。构造煤的形成与分布主要受构造控制,与构造演化过程中煤系变形有较好的一致性;华北板块板南、北缘及板内造山带形成了挤压变形区,普遍发育Ⅲ~Ⅳ类构造煤;构造煤的发育程度由板缘向板内以及由靠近挤压型造山带向远离造山带减弱的趋势;越靠近挤压构造,构造煤厚度越厚,破碎越严重。

(5) 运用瓦斯赋存构造逐级控制理论,结合煤矿实际揭露的瓦斯地质资料,阐明了华北赋煤区瓦斯赋存构造逐级控制特征,划分了华北赋煤区煤矿瓦斯赋存区、带,编制了华北赋煤区煤矿瓦斯地质图。印支运动之前,华北板块的主体是一个近东西向展布的大盆,广泛沉积了石炭-二叠纪煤系地层。印支期开始,鲁西隆起,导致其缺失三叠系地层沉积,使得二叠系的煤层瓦斯保存条件变差,控制着山东、豫东低瓦斯区、低瓦斯矿井分布。燕山早、中期,形成了一系列北北东向的压扭性断裂、褶皱,分别控制了太行山东麓、通化—红阳、鄂尔多斯西缘等高瓦斯与瓦斯突出带。喜马拉雅早期,华北板块以裂陷活动为主,形成了下辽河—渤海—华北裂陷盆地、汾渭裂陷盆地等,煤层瓦斯大量释放,并控制了河北邢台、汾渭等低瓦斯带。华北板块南缘、北缘的强烈挤压造山控制着南缘、北缘高突瓦斯区带分布。将华北赋煤区煤矿分布区划分为7个高(突)瓦斯区和6个低瓦斯区,进一步划分了15个高(突)瓦斯带,13个低瓦斯带。

(6) 综合理论分析和FLAC 3D软件数值模拟,揭示了保护层掘进过程中应力、应变、岩层移动规律及其引起的瓦斯运移规律。认为在保护层掘进遇到构造破坏带或保护层与被保护层层间距较小时,抵制瓦斯突出的能力减小,在地应力、采动应力和瓦斯压力共同作用下,容易引发瓦斯突出;同时,由于巷道开挖引起卸荷效应而产生了拉破坏,巷道底板出现底鼓,产生大量裂隙与被保护层沟通,从而被保护层的卸压瓦斯大量涌入到保护层。

(7)采用理论分析和 RFPA GAS 软件及 FLAC 3D 软件模拟的方法,研究确定了上保护层回采时瓦斯突出危险区位置。受保护层己$_{15}$煤层的采动影响,卸压膨胀陡变带(压缩区与膨胀区的交界处)初步形成沟通被保护层的裂隙网络,同时前方较高的垂直应力集中,使被保护层己$_{16、17}$煤层的应力较高,遇断层或岩柱较小时,在地应力、采动应力及瓦斯压力的共同作用下,最易发生煤与瓦斯突出,同时指出顶板初次来压容易诱发瓦斯突出。

(8)综合煤层应力变化状态、变形位移特征和裂隙分布发育情况,考虑被保护层煤层透气系数的变化特征和瓦斯渗流速度、瓦斯压力,按瓦斯渗流速度,将近距离保护层底板分为 4 个渗流区,同时分别对应着不同应力状态和裂隙发育的四区。原始应力区煤岩透气性不变,裂隙不发育,瓦斯渗流速度没有改变,属于原始渗流区;压缩区位于开切眼和煤壁附近,煤岩体以压剪破坏为主,部分裂隙闭合,煤岩层透气性有所降低,瓦斯渗流速度也有所降低,属渗流减速减量区;卸压膨胀陡变区靠近采场附近以张剪破坏为主,由于初始形成沟通被保护层的裂隙网络,且瓦斯压力梯度大,瓦斯渗流速度和流量也迅速升高,属渗流急剧增速增量区;卸压膨胀平稳区位于采空区,以拉张和原位张裂及离层底鼓为主,随顶板冒落,应力有所恢复,没有煤岩,透气性有所降低,但远大于原始煤岩透气性,瓦斯平稳涌出,属于渗流平稳增量区。瓦斯渗流急剧增速增量区具有突出危险。

(9)利用保护层开采瓦斯运移力学机制研究成果,结合平顶山五矿实际,制定了保护层开采期间瓦斯抽采及其他相关措施,保证了保护层采掘安全。保护层开采后,消除了被保护层瓦斯突出危险性,月掘进速度提高了 2 倍以上,工作面平均日产量提高了 1.7 倍,且未发生瓦斯灾害事故,研究成果的应用实现了煤与瓦斯安全高效开采。

7.2 创新点

(1)完善了瓦斯赋存构造逐级控制理论的力学解释,分离出构造挤压剪切区和拉张裂陷区,提出了现代应力场与构造的角度是控制矿井煤与瓦斯突出的关键因素。

（2）阐明了华北赋煤区区域地质与构造演化特征,厘清了华北赋煤区煤系构造变形特征和构造煤分布特征,划分了煤矿瓦斯赋存区、带,编制了华北赋煤区煤矿瓦斯地质图。

（3）提出了近距离上保护层开采中瓦斯渗流分区分带的思路,在分析保护层开采瓦斯运移的力学机制基础上,综合煤层应力变化状态、变形位移特征和裂隙分布发育情况,考虑被保护层煤层透气系数的变化特征和瓦斯渗流速度、瓦斯压力,按瓦斯渗流速度,将近距离保护层底板分为 4 个渗流区,同时分别对应着不同应力状态和裂隙发育的四区。

参 考 文 献

[1] 兵库信一郎,1978.关于煤和瓦斯突出原因的个人看法[C]//国外煤和瓦斯突出资料汇编(第一集).重庆:科学技术文献出版社重庆分社.

[2] 曹代勇,宁树正,郭爱军,等,2017.中国煤田构造格局与构造控煤作用[M].北京:科学出版社.

[3] 曹运兴,彭立世,1995.顺煤断层的基本类型及其对瓦斯突出带的控制作用[J].煤炭学报,20(4):413-417.

[4] 曹运兴,彭立世,侯泉林,1993.顺煤层断层的基本特征及其地质意义[J].地质论评,39(6):522-528.

[5] 曹运兴,张玉贵,李凯奇,等,1996.构造煤的动力变质作用及其演化规律[J].煤田地质与勘探,24(4):15-17.

[6] 陈善庆,1989.鄂、湘、粤、桂二叠纪构造煤特征及其成因分析[J].煤炭学报,14(4):2-10.

[7] 程成,胡杰,龚选平,等,2019.采空区瓦斯涌出的回采速度效应分析[J].中国安全生产科学技术,15(12):78-82.

[8] 程详,赵光明,李英明,等,2020.软岩保护层开采覆岩采动裂隙带演化及卸压瓦斯抽采研究[J].采矿与安全工程学报,37(3):533-542.

[9] 程远平,俞启香,2003.煤层群煤与瓦斯安全高效共采体系及应用[J].中国矿业大学学报,32(5):471-475.

[10] 程远平,俞启香,袁亮,等,2004.煤与远程卸压瓦斯安全高效共采试验研究[J].中国矿业大学学报,32(2):132-136.

[11] 程远平,周德永,俞启香,等,2006.保护层卸压瓦斯抽采及涌出规律研究[J].采矿与安全工程学报,23(1):12-18.

[12] 戴广龙,汪有清,张纯如,等,2007.保护层开采工作面瓦斯涌出量预测[J].煤炭学报,32(4):382-385.

[13] 戴林超,曹偈,赵旭生,等,2019.采空区瓦斯涌出强度对其流动规律的影响

研究[J].安全与环境学报,19(6):1963-1970.

[14] 丁广骧,柏发松,1996.采空区混合气运动基本方程及其有限元解法[J].中国矿业大学学报,25(3):21-26.

[15] 高魁,乔国栋,刘健,等,2019.构造复杂矿区煤与瓦斯突出瓦斯地质分析[J].中国安全科学学报,29(1):119-124.

[16] 葛肖虹,刘俊来,任收麦,等,2014.中国东部中—新生代大陆构造的形成与演化[J].中国地质,41(1):19-38.

[17] 郭德勇,韩德馨,1998.地质构造控制煤和瓦斯突出作用类型研究[J].煤炭学报,23(4):337-341.

[18] 郭德勇,韩德馨,王新义,2002.煤与瓦斯突出的构造物理环境及其应用[J].北京科技大学学报,24(6):581-584.

[19] 郭德勇,韩德馨,袁崇孚,1996.平顶山十矿构造煤结构成因研究[J].中国煤田地质,8(3):22-25.

[20] 韩德馨,杨起,1980.中国煤田地质学(下册)[M].北京:煤炭工业出版社.

[21] 韩军,张宏伟,2010.构造演化对煤与瓦斯突出的控制作用[J].煤炭学报,35(7):1125-1130.

[22] 韩军,张宏伟,霍丙杰,2008.向斜构造煤与瓦斯突出机理探讨[J].煤炭学报,33(8):908-913.

[23] 韩军,张宏伟,宋卫华,等,2011.构造凹地煤与瓦斯突出发生机制及其危险性评估[J].煤炭学报,36(S1):108-113.

[24] 韩军,张宏伟,张普田,2012.推覆构造的动力学特征及其对瓦斯突出的作用机制[J].煤炭学报,37(2):247-252.

[25] 韩军,张宏伟,朱志敏,等,2007.阜新盆地构造应力场演化对煤与瓦斯突出的控制[J].煤炭学报,32(9):934-938.

[26] 侯泉林,李会军,范俊佳,等,2012.构造煤结构与煤层气赋存研究进展[J].中国科学:地球科学,42(10):1487-1495.

[27] 侯泉林,张子敏,1990.关于"糜棱煤"概念之探讨[J].焦作矿业学院学报,9(2):21-26.

[28] 胡国忠,王宏图,范晓刚,等,2008.俯伪斜上保护层保护范围的瓦斯压力研究[J].中国矿业大学学报,37(3):328-332.

[29] 胡国忠,王宏图,李晓红,等,2009.急倾斜俯伪斜上保护层开采的卸压瓦斯抽采优化设计[J].煤炭学报,34(1):9-14.

[30] 胡国忠,王宏图,袁志刚,2010.保护层开采保护范围的极限瓦斯压力判别准

则[J].煤炭学报,35(7):1131-1136.

[31] 胡千庭,蒋时才,苏文叔,2000.我国煤矿瓦斯灾害防治对策[J].矿业安全与环保,27(1):1-4.

[32] 胡千庭,梁运培,刘见中,2007.采空区瓦斯流动规律的CFD模拟[J].煤炭学报,32(7):719-723.

[33] 胡胜勇,张甲雷,冯国瑞,等,2016.煤矿采空区瓦斯富集机制研究[J].中国安全科学学报,26(2):121-126.

[34] 黄德生,1992.地质构造控制煤与瓦斯突出的探讨[J].地质科学,27(S1):201-207.

[35] 黄华州,2010.远距离被保护层卸压煤层气地面井开发地质理论及其应用研究:以淮南矿区为例[D].徐州:中国矿业大学.

[36] 贾天让,2006.平顶山矿区近距离保护层开采瓦斯治理技术研究[D].焦作:河南理工大学.

[37] 贾天让,2014a.煤矿瓦斯赋存和运移的力学机制及应用研究[D].大连:大连理工大学.

[38] 贾天让,王蔚,2014b.吉林省煤矿瓦斯赋存构造控制规律与分带划分[J].河南理工大学学报(自然科学版),33(4):405-409.

[39] 贾天让,王蔚,闫江伟,等,2014c.贵州省瓦斯赋存构造控制规律与分带划分[J].地学前缘,21(6):281-288.

[40] 贾天让,王蔚,张子敏,等,2013.现代构造应力场下断层走向对瓦斯突出的影响[J].采矿与安全工程学报,30(6):930-934.

[41] 贾天让,闫江伟,王蔚,等,2014d.辽宁省煤矿瓦斯赋存构造控制规律与瓦斯分带划分[J].中国安全生产科学技术,10(4):24-30.

[42] 姜波,秦勇,1998.变形煤的结构演化机理及其地质意义[M].徐州:中国矿业大学出版社.

[43] 蒋曙光,张人伟,1998.综放采场流场数学模型及数值计算[J].煤炭学报,23(3):258-261.

[44] 靳钟铭,赵阳升,贺军,等,1991.含瓦斯煤层力学特性的实验研究[J].岩石力学与程学报,10(3):271-280.

[45] 琚宜文,侯泉林,姜波,等,2006.淮北海孜煤矿断层与层间滑动构造组合型式及其形成机制[J].地质科学,41(1):35-43.

[46] 琚宜文,姜波,侯泉林,等,2004.构造煤结构-成因新分类及其地质意义[J].煤炭学报,29(5):513-517.

[47] 琚宜文,姜波,王桂梁,等,2005.构造煤结构及储层物性[M].徐州:中国矿业大学出版社.

[48] 琚宜文,王桂梁,2002.煤层流变及其与煤矿瓦斯突出的关系:以淮北海孜煤矿为例[J].地质论评,48(1):96-105.

[49] 琚宜文,王桂梁,卫明明,等,2014.中新生代以来华北能源盆地与造山带耦合演化过程及其特征.中国煤炭地质,26(8):15-19.

[50] 康继武,杨文朝,1995.瓦斯突出煤层中构造群落的宏观特征研究:论平顶山东矿区戊$_{9\text{-}10}$煤层的构造重建[J].应用基础与工程科学学报,3(1):45-51.

[51] 克拉佐夫,沃尔波娃,1979.在地质勘探阶段按岩心分裂成圆片预测岩石突出危险的可能性[C]//煤、岩石和瓦斯突出(国外资料汇编)(第二集).重庆:科学技术文献出版社重庆分社.

[52] 兰泽全,张国枢,2007.多源多汇采空区瓦斯浓度场数值模拟[J].煤炭学报,32(4):396-401.

[53] 李康,钟大赉,1992.煤岩的显微构造特征及其与瓦斯突出的关系:以南桐鱼田堡煤矿为例[J].地质学报,66(2):148-157.

[54] 李树刚,徐培耘,赵鹏翔,等,2018.采动裂隙椭抛带时效诱导作用及卸压瓦斯抽采技术[J].煤炭科学技术,46(9):146-152.

[55] 李涛,张宏伟,韩军,等,2011.构造应力场对煤与瓦斯突出的控制作用[J].西安科技大学学报,31(6):715-718.

[56] 李宗翔,海国治,秦书玉,2001a.采空区风流移动规律的数值模拟与可视化显示[J].煤炭学报,26(1):76-80.

[57] 李宗翔,纪书丽,题正义,2005.采空区瓦斯与大气两相混溶扩散模型及其求解[J].岩石力学与工程学报,24(16):2971-2976.

[58] 李宗翔,孙广义,王继波,2001b.回采采空区非均质渗流场风流移动规律的数值模拟[J].岩石力学与工程学报,20(Z2):1578-1581.

[59] 梁栋,黄元平,1995.采动空间瓦斯运动的双重介质模型[J].阜新矿业学院学报,14(2):4-7.

[60] 梁金火,1991.矿区地质构造对煤与瓦斯突出地段的控制[J].中国煤田地质,3(2):29-33.

[61] 林柏泉,张建国,翟成,等,2008.近距离保护层开采采场下行通风瓦斯涌出及分布规律[J].中国矿业大学学报,37(1):24-29.

[62] 刘洪永,2010.远程采动煤岩体变形与卸压瓦斯流动气固耦合动力学模型及其应用研究[D].徐州:中国矿业大学.

[63] 刘林,2010.下保护层合理保护范围及在卸压瓦斯抽采中的应用[D].徐州:中国矿业大学.

[64] 刘明举,龙威成,刘彦伟,2006.构造煤对突出的控制作用及其临界值的探讨[J].煤矿安全,37(10):45-46.

[65] 刘卫群,2002.破碎岩体渗流理论及其应用研究[D].徐州:中国矿业大学.

[66] 刘咸卫,曹运兴,2000.正断层两盘的瓦斯突出分布特征及其地质成因浅析[J].煤炭学报,25(6):571-575.

[67] 刘义生,赵少磊,2015.开平向斜地质构造特征及其对瓦斯赋存的控制[J].煤炭学报,40(S1):164-169.

[68] 刘泽功,袁亮,戴广龙,等,2004.开采煤层顶板环形裂隙圈内走向长钻孔法抽放瓦斯研究[J].中国工程科学,6(5):32-38.

[69] 刘泽功,2004.卸压瓦斯储集与采场围岩裂隙演化关系研究[D].合肥:中国科学技术大学.

[70] 卢平,沈兆武,朱贵旺,等,2001.含瓦斯煤的有效应力与力学变形破坏特性[J].中国科学技术大学学报,31(6):686-693.

[71] 卢平,袁亮,程桦,等,2010.低透气性煤层群高瓦斯采煤工作面强化抽采卸压瓦斯机理及试验[J].煤炭学报,35(4):580-585.

[72] 罗振敏,郝苗,苏彬,等,2020.采空区瓦斯运移规律实验及数值模拟[J].西安科技大学学报,40(1):31-39.

[73] 洛锋,曹树刚,李国栋,等,2018.采动应力集中壳和卸压体空间形态演化及瓦斯运移规律研究[J].采矿与安全工程学报,35(1):155-162.

[74] 马文璞,1992.区域构造解析:方法理论和中国板块构造[M].北京:地质出版社.

[75] 马杏垣,刘和甫,王维襄,等,1983.中国东部中、新生代裂陷作用和伸展构造[J].地质学报,57(1):22-32.

[76] 潘一山,李忠华,店鑫,2005.阜新矿区深部高瓦斯矿井冲击地压研究[J].岩石力学与工程学报,24(S1):5202-5205.

[77] 彭立世,1985.用地质观点进行瓦斯突出预测[J].煤矿安全,16(12):6-10.

[78] 彭立世,陈凯德,1988.顺层滑动构造与瓦斯突出机制[J].焦作矿业学院学报,7(Z1):156-164.

[79] 齐庆杰,黄伯轩,1998.采场瓦斯运移规律与防治技术研究[J].煤,7(1):29-31.

[80] 钱鸣高,缪协兴,许家林,等,2000.岩层控制的关键层理论[M].徐州:中国

矿业大学出版社.

[81] 钱鸣高,许家林,1998.覆岩采动裂隙分布的"O"形圈特征研究[J].煤炭学报,23(5):466-469.

[82] 任纪舜,1990.中国东部及邻区大陆岩石圈的构造演化与成矿[M].北京:科学出版社.

[83] 任纪舜,王作勋,陈炳蔚,等,1999.从全球看中国大地构造:中国及邻区大地构造图简要说明[M].北京:地质出版社.

[84] 任收麦,黄宝春,2003.晚古生代以来古亚洲洋构造域主要块体运动学特征初探[J].地球物理学进展,17(1):113-120.

[85] 尚冠雄,1997.华北地台晚古生代煤地质学研究[M].太原:山西科学技术出版社.

[86] 邵强,王恩营,王红卫,等,2010.构造煤分布规律对煤与瓦斯突出的控制[J].煤炭学报,35(2):250-254.

[87] 石必明,刘泽功,2008.保护层开采上覆煤层变形特性数值模拟[J].煤炭学报,33(1):17-22.

[88] 石必明,俞启香,王凯,2006.远程保护层开采上覆煤层透气性动态演化规律试验研究[J].岩石力学与工程学报,25(9):1917-1921.

[89] 氏平增之,1978.关于瓦斯突出的研究—地质构造条件和爆破的影响[C]//国外煤和瓦斯突出资料汇编(第一集).重庆:科学技术文献出版社重庆分社.

[90] 宋常胜,2012.超远距离下保护层开采卸压裂隙演化及渗流特征研究[D].焦作:河南理工大学.

[91] 宋岩,赵梦军,刘少波,等,2005.构造演化对煤层气富集程度的影响[J].科学通报,50(S1):1-5.

[92] 孙枢,钟大赉,李荫槐,1988.断块构造理论及其应用[M].北京:科学出版社.

[93] 谭学术,鲜学福,邱贤德,1986.地质构造应力的分布与煤和瓦斯突出关系的光弹试验研究[J].力学与实践,8(2):37-41.

[94] 唐巨鹏,潘一山,李成全,等,2006.有效应力对煤层气解吸渗流影响试验研究[J].岩石力学与工程学报,25(8):1563-1568.

[95] 童玉明,陈胜早,王伏泉,等,1994.中国成煤区域构造[M].北京:科学出版社.

[96] 涂敏,缪协兴,黄乃斌,2006.远程下保护层开采被保护煤层变形规律研究[J].采矿与安全工程学报,23(3):253-257.

[97] 王恩营,2007.正断层力学性质的构造应力分析[J].河南理工大学学报(自然科学版),26(3):264-266.

[98] 王恩营,易伟欣,李云波,2015.华北板块构造煤分布及成因机制[M].北京:科学出版社.

[99] 王桂梁,琚宜文,郑孟林,等,2007.中国北部能源盆地构造[M].徐州:中国矿业大学出版社.

[100] 王亮,2009.巨厚火成岩下远程卸压煤岩体裂隙演化与渗流特征及在瓦斯抽采中的应用[D].徐州:中国矿业大学.

[101] 王生全,李树刚,王贵荣,等,2006.韩城矿区煤与瓦斯突出主控因素及突出区预测[J].煤田地质与勘探,34(3):36-39.

[102] 王生全,龙荣生,孙传显,1994.南桐煤矿扭褶构造的展布规律及对煤与瓦斯突出的控制[J].西安科技学院学报,14(4):350-354.

[103] 王双明,2011.鄂尔多斯盆地构造演化和构造控煤作用[J].地质通报,30(4):544-552.

[104] 王蔚,贾天让,张子敏,等,2016.构造演化对湖南省瓦斯赋存分布的控制[J].煤田地质与勘探,44(05):10-15.

[105] 魏国营,王保军,闫江伟,等,2015.平顶山八矿突出煤层瓦斯地质控制特征[J].煤炭学报,40(03):555-561.

[106] 吴仁伦,王继林,折志龙,等,2017.煤层采高对采动覆岩瓦斯卸压运移"三带"范围的影响[J].采矿与安全工程学报,34(6):1223-1231.

[107] 徐凤银,朱兴珊,王桂梁,等,1995.芙蓉矿区古构造应力场及其对煤与瓦斯突出控制的定量化研究[J].地质科学,30(1):71-84.

[108] 许家林,孟广石,1995.应用上覆岩层采动裂隙"O"形圈特征抽放采空区瓦斯[J].煤矿安全,26(7):2-4.

[109] 许家林,钱鸣高,2000.地面钻井抽放上覆远距离卸压煤层气试验研究[J].中国矿业大学学报,29(1):78-81.

[110] 薛东杰,周宏伟,孔琳,等,2012.采动条件下被保护层瓦斯卸压增透机理研究[J].岩土工程学报,34(10):1910-1916.

[111] 薛俊华,2012.近距离高瓦斯煤层群大采高首采层煤与瓦斯共采[J].煤炭学报,37(10):1682-1687.

[112] 闫江伟,张小兵,张子敏,2013.煤与瓦斯突出地质控制机理探讨[J].煤炭学报,38(7):1174-1178.

[113] 闫江伟,张玉柱,王蔚,2015.平顶山矿区瓦斯赋存的构造逐级控制特征

[J].煤田地质与勘探,43(2):18-23.

[114] 杨起,韩德馨,1979.中国煤田地质学[M].北京:煤炭工业出版社.

[115] 姚军朋,2007.平顶山五矿近距离上保护层开采瓦斯防治技术[D].焦作:河南理工大学.

[116] 于不凡,1985a.煤和瓦斯突出机理[M].北京:煤炭工业出版社.

[117] 于不凡,1985b.煤和瓦斯突出与地应力的关系[J].工业安全与防尘,11(3):2-6.

[118] 于福生,漆家福,王春英,2002.华北东部印支期构造变形研究[J].中国矿业大学学报,31(4):402-406

[119] 员争荣,2004.构造应力场对煤储层渗透性的控制机制研究[J].煤田地质与勘探,32(4):23-25.

[120] 袁崇孚,1986.构造煤和煤与瓦斯突出[J].煤炭科学技术,14(1):32-33.

[121] 袁东升,张子敏,2009.近距离保护层开采瓦斯治理技术[J].煤炭科学技术,37(11):48-50.

[122] 袁亮,2004.松软低透煤层群瓦斯抽采理论与技术[M].北京:煤炭工业出版社.

[123] 袁亮,2008a.低透高瓦斯煤层群安全开采关键技术研究[J].岩石力学与工程学报,27(7):1370-1379.

[124] 袁亮,2008b.低透气煤层群首采关键层卸压开采采空侧瓦斯分布特征与抽采技术[J].煤炭学报,33(12):1362-1367.

[125] 袁亮,2009.低透气性煤层群无煤柱煤气共采理论与实践[J].中国工程科学,11(5):72-80.

[126] 扎比盖洛,1984.顿巴斯煤层突出的地质条件[M].孙本凯,译.北京:煤炭工业出版社.

[127] 张春华,刘泽功,刘健,等,2013.封闭型地质构造诱发煤与瓦斯突出的力学特性模拟试验[J].中国矿业大学学报,42(4):554-559.

[128] 张国伟,张本仁,袁学诚,等,2001.秦岭造山带与大陆动力学[M].北京:科学出版社.

[129] 张宏伟,2003.地质动力区划方法在煤与瓦斯突出区域预测中的应用[J].岩石力学与工程学报,22(4):621-624.

[130] 张明杰,贾天让,谭志宏,等,2019.基于瓦斯地质的煤与瓦斯突出防治技术[M].徐州:中国矿业大学出版社.

[131] 张铁岗,2001.平顶山矿区煤与瓦斯突出的预测及防治[J].煤炭学报,26

(2):172-177.

[132] 张玉贵,张子敏,曹运兴,2007.构造煤结构与瓦斯突出[J].煤炭学报,32
(3):281-284

[133] 张子敏,2009.瓦斯地质学[M].徐州:中国矿业大学出版社.

[134] 张子敏,高建良,张瑞林,等,1999a.关于中国煤层瓦斯区域分布的几点认
识[J].地质科技情报,18(4):67-70.

[135] 张子敏,林又玲,吕绍林,1999b.中国不同地质时代煤层瓦斯区域分布特征
[J].地学前缘,6(S1):245-250.

[136] 张子敏,林又玲,吕绍林,等,1998.中国煤层瓦斯分布特征[M].北京:煤炭
工业出版社.

[137] 张子敏,吴吟,2013.中国煤矿瓦斯赋存构造逐级控制规律与分区划分[J].
地学前缘,20(2):237-245.

[138] 张子敏,吴吟,2014.中国煤矿瓦斯地质规律及编图[M].徐州:中国矿业大
学出版社.

[139] 张子敏,谢宏,陈双科,1995.控制邢台矿井田瓦斯赋存特征的地质因素
[J].煤炭科学技术,23(12):26-29.

[140] 张子敏,张玉贵,2003.平顶山矿区构造演化和对煤与瓦斯突出的控制
[C]//中国煤炭学会瓦斯地质专业委员会第三次全国瓦斯地质学术研讨
会论文集.北京:煤炭工业出版社.

[141] 张子敏,张玉贵,2005a.大平煤矿特大型煤与瓦斯突出瓦斯地质分析[J].
煤炭学报,30(2):137-140.

[142] 张子敏,张玉贵,2005b.瓦斯地质规律与瓦斯预测[M].北京:煤炭工业出
版社.

[143] 张子敏,张玉贵,卫修君,等,2007.编制煤矿三级瓦斯地质图[M].北京:煤
炭工业出版社.

[144] 中国统配煤矿总公司,1992.1:200万中国煤层瓦斯地质图编制[M].西
安:西安地图出版社.

[145] 章梦涛,潘一山,梁冰,1995.煤岩流体力学[M].北京:科学出版社.

[146] 赵洪宝,张欢,王宏冰,等,2018.采空区瓦斯体积分数区域分布三维实测装
置研制与应用[J].煤炭学报,43(12):3411-3418.

[147] 中国矿业学院瓦斯组,1979.煤和瓦斯突出的防治[M].北京:煤炭工业出
版社.

[148] 中国煤田地质总局,王双明,1996.鄂尔多斯盆地聚煤规律及煤炭资源评价

[M].北京:煤炭工业出版社.

[149] 周世宁,林柏泉,1999.煤层瓦斯赋存与流动理论[M].北京:煤炭工业出版社.

[150] 周伟,袁亮,张国亮,等,2018.采空区瓦斯涌出来源量化判识方法:以寺河矿为例[J].煤炭学报,43(4):1016-1023.

[151] 朱兴珊,徐凤银,1994.论构造应力场及其演化对煤和瓦斯突出的主控作用[J].煤炭学报,19(3):303-314.

[152] 朱兴珊,徐凤银,李权一,1996.南桐矿区破坏煤发育特征及其影响因素[J].煤田地质与勘探,24(2):28-32.

[153] 朱兴珊,1997.论地质构造及其演化对煤和瓦斯突出的控制:以南桐矿区为例[J].中国地质灾害与防治学报,8(3):13-20.

[154] CREEDY D P,1988. Geological controls on the formation and distribution of gas in British coal measure strata,UK[J]. International journal of coal geology,10(1):1-31.

[155] FARMER I W,POOLEY F D,1967.A hypothesis to explain the occurrence of outbursts in coal,based on a study of West Wales outburst coal[J].International journal of rock mechanics sciences & gemechanics abstracts,4(2):189-193.

[156] FRODSHAM K,GAYER R A,1999. The impact of tectonic deformation upon coal seams in the South Wales coalfield, UK [J]. International journal of coal geology,38(3/4):297-332.

[157] HARGRAVES A J,1983. Instantaneous outbursts of coal and gas:a review [J].International journal of rock mechanics and mining sciences & geomechanics abstracts,20(5):151.

[158] JIA T R,FENG Z D,WEI G Y,et al,2018. Shear deformation of fold structures in coal measure strata and coal-gas outbursts:constraint and mechanism[J].Energy exploration & exploitation.36(2):185-203.

[159] JIA T R, ZHANG Z M, TANG C A, et al,2013. Numerical simulation of stress-relief effects of protective layer extraction[J]. Arch. min. sci., 58(2): 521-540.

[160] JIA T R, ZHANG Z M, WEI G Y, et al,2015. Mechanism of stepwise tectonic control on gas occurrence:A study in North China [J]. International journal of mining science and technology, 25:601-606.

[161] JOSIEN J P, REVALOR R, 1989. The fight against dynamic phenomena: French coal mines experience[C]//Proc.23rd Inter.Conf of Safety in Mines Res.Inst, Washington DC, 9:531-40.

[162] PRICE N J, 1959. A report on the outburst problem in the Gwendraeth Valley[R].National coal board internal report:1-8.

[163] SHEPHERD J, RIXON L K, GRIFFITHS L, 1981. Outbursts and geological structures in coal mines: a review.[J] International journal of rock mechanics and mining sciences & geomechanics abstracts, 18 (4): 267-283.

[164] SZIRTES L, 1964. Methods used at Pecs Collieries for the prevention of gas outbursts [C]//UNECE Symp On Coal & Gas Outbursts, Nimes, France, 11:135-47.

[165] TIEN J, 1998.Longwall caving in thick seams[J].Coal age, 103(4):52-61.

[166] YAN J W, JIA T R, WEI G Y, et al, 2020. In-situ stress partition and its implication on coalbed methane occurrence in the basin-mountain transition zone: a case study of the Pingdingshan coalfield, China [J]. Sādhanā, 45 (1):1-17.

[167] YASITLI N E, UNVER B, 2005.3D numerical modeling of longwall mining with top-coal caving[J].International journal of rock mechanics & mining sciences, 42(2):219-235.